戴耳标成狍

换毛过程中狍

戴耳标成狍

换毛的狍群

锯茸后的狍群

锯茸后的公狍

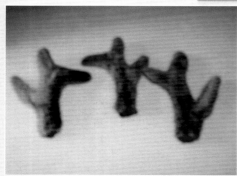

狍　茸

休息的狍

2

妊娠后期母狍

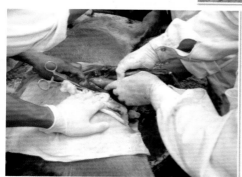

剖宫手术 1

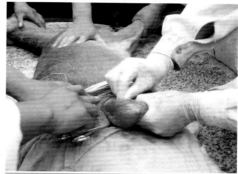

剖宫手术 2

剖宫产后母狍

3

狍的母子行为

狍对驯化的反应

圈养狍群

接受驯化的狍群

4

实 用 养 狍 新 技 术

李长生 编 著

金 盾 出 版 社

内 容 提 要

本书由吉林农业科技学院副教授李长生编著。主要内容包括:概述、狍的生物学特性和解剖特点、狍的引种与驯化、繁育技术、狍的饲料、仔狍的生长发育与饲养、成年狍的饲养管理、养狍场的建设与规划设计、狍产品与加工、狍场卫生与疾病防治。内容丰富实用,文字通俗易懂,可操作性、科学性强,适合养狍专业户、毛皮加工人员及有关院校师生、相关部门技术人员阅读参考。

图书在版编目(CIP)数据

实用养狍新技术/李长生编著 . —北京:金盾出版社,2009.6
ISBN 978-7-5082-5683-2

Ⅰ.实… Ⅱ.李… Ⅲ.鹿科—饲养管理 Ⅳ.S865.4

中国版本图书馆 CIP 数据核字(2009)第 051807 号

金盾出版社出版、总发行
北京太平路 5 号(地铁万寿路站往南)
邮政编码:100036 电话:68214039 83219215
传真:68276683 网址:www.jdcbs.cn
封面印刷:北京金盾印刷厂
彩页正文印刷:北京金盾印刷厂
装订:永胜装订厂
各地新华书店经销
开本:850×1168 1/32 印张:8.375 彩页:4 字数:206 千字
2009 年 6 月第 1 版第 1 次印刷
印数:1~10 000 册 定价:15.00 元
(凡购买金盾出版社的图书,如有缺页、
倒页、脱页者,本社发行部负责调换)

前　言

　　狍在我国特种经济动物养殖业中占有重要的地位,特别是近年来,随着野生狍人工驯化饲养获得成功,养狍业发展更快,人工饲养狍的数量逐年扩大,广大养殖户通过养狍获得了可观的经济效益。随着对狍这一特种经济动物的科学研究逐步深入,对其主产品和副产品深度开发的研究,狍茸、狍肉、狍血、狍胎、狍鞭和狍心都具有重要的医疗保健价值和广阔的市场开发前景,必将在发展地方经济和区域经济方面发挥积极的作用。

　　长期以来,由于人们对野生狍的盲目猎捕和猎杀,导致野生狍资源急剧减少,严重地破坏了大自然的生态平衡。开展野生狍人工驯化和饲养工作是保护野生狍资源,保护大自然野生动物生态平衡,合理开发狍资源的科学有效途径。对野生狍的深入系统研究,通过人工驯化饲养野生狍,变野生为家养,开发狍的产品,以满足人们对狍产品的需求。这对于发展地方经济,全面建设小康社会和建设社会主义新农村都具有重要的现实意义和经济意义。

　　目前,养狍业正处于蓬勃发展的阶段,自 2005 年长白山野生狍人工驯化饲养成功并通过吉林省科技厅组织专家鉴定——达到国际先进水平,养殖户的数量逐渐增多,已经形成了产业化发展的趋势,为适应目前广大养殖户的迫切需要,为广大养殖户提供一本技术指导书,笔者在总结长白山野生狍人工驯化饲养配套技术的科研成果和多年的科研生产、教学中所积累经验的基础上,参考国内外有关文献,编著了《实用养狍新技术》一书,以供各养狍专业户,有关院校师生,有关业务部门领导,研究单位的研究人员参考。本书共 10 章,内容分别为概述、狍的生物学特性、狍的解剖特点与繁育技术、狍的饲料、狍的引种与驯化、仔狍的生长发育与饲养、成年狍的饲养管理、养狍场的建设与规划设计、狍产品与加工、狍场卫生与疾病防治等基础理论和实用技术。考虑这本书主要面向基层读者需求，在编写过程中，力求通俗易懂，尽可能减少难以理解的专业术语，将复杂的专业理论通俗化，让读者能够理解和掌握本书的专业内涵。

由于篇幅和编著者水平所限，本书不可能详细叙述养狍业科学知识的全部领域，但笔者力图将新技术通俗地融入本书之中，而相得益彰。

由于时间仓促，书中缺点和错误之处一定很多，希望广大读者批评指正。

李长生

2009 年 1 月于吉林省吉林市左家

联系地址：吉林省吉林市九站技术开发区

单　　位：吉林农业科技学院

邮　　编：132101

电　　话：(0432)5550192

手　　机：13624320667

目　录

第一章 概 述

一、养狍业在国内的历史与现状

(一)国内狍的资源与分布

狍在动物分类学地位隶属于动物界、脊索动物门、脊椎动物亚门、哺乳纲、真兽亚纲、偶蹄目、反刍亚目、狍科、狍属。

国外一些学者认为世界各地的狍应划分为 2 个种,即西伯利亚狍种和欧洲狍种,谭邦杰等(1992)将我国境内分布在吉林、辽宁、黑龙江、内蒙古、河北、河南、山西、四川等省、自治区的狍称为东北狍、满洲里狍和蒙古狍;分布在新疆维吾尔自治区的阿尔泰山、天山区域的狍称为阿尔泰狍、天山狍;王应祥(2003)将我国境内狍共分 4 个亚种,即中亚亚种、华北亚种、东北亚种和西北亚种。

综上所述,我国境内存在的狍资源应该有 4 个亚种,即中亚亚种、华北亚种、东北亚种和西北亚种,主要分布在我国的吉林、辽宁、黑龙江、内蒙古、河北、山西、陕西、四川、河南、甘肃和新疆等省、自治区。由于各个地区之间的地域分布、地理环境、气候因素的不同,狍在各自的生活环境中的长期自然选择,逐步形成各个区域的具有各自的特征。

(二)国内养狍业的兴起

我国传统对狍产品开发利用主要是通过狩猎来完成的,这种做法不仅导致大量的野生狍资源遭到严重的破坏,而且还严重破坏了大自然的生态平衡系统。20 世纪 70 年代初,我国的冻狍肉和狍肉产品在国际市场深受国外消费者青睐,在陕西省延安地区每年都向国外出口大量的冻狍肉和狍肉制品,为当地的经济发展起到了极大的促进作用,当时这些狍肉和狍肉制品主要是依靠狩猎的方式猎捕的野生狍资源。几乎同时,我国具有野生狍资源的其他省份和地区,每年也有大量野生狍丧生于猎人的枪口、踩夹和套子下。由于持续的过度猎捕,导致我国野生狍资源急剧减少,野生狍的数量分布格局发生了巨大变化,许多原本野生狍资源丰富的地区逐步丧失了大规模开发利用的价值。李文军等(1990)通过生态学调查表明,我国境内野生狍资源数量约为 650 000 只,其中,西北地区(陕西、甘肃、宁夏、青海)200 000 只,华北地区(山西、河南、河北、山东)100 000 只,辽吉山地(辽宁、吉林、内蒙古中部和东部)150 000 只,黑龙江地区(黑龙江、内蒙古东部)200 000 只,新疆北部目前不详。

1982 年陕西省动物研究所胡金元、袁西安等人和解放军第四军医大学郁希群联合对野生狍的繁殖问题进行了初步研究,1990年李文军等开展了东北地区的野生狍资源的生态数量调查,1990～2001 年河北省围场蒙古族和满族自治县退休干部王玉山从猎捕野生狍到开始野生狍人工驯化饲养,1998 年吉林特产高等专科学校野生动物系与吉林省长白县新房子乡签订协议,联合开展长白山野生狍驯化饲养技术的研究,2001 年吉林农业科技学院(原吉林特产高等专科学校)马丽娟、李长生等在吉林省科技厅立项科研课题"长白山野生狍驯化及饲养配套技术的研究"。2005年 8 月"长白山野生狍驯化及饲养配套技术的研究"课题顺利通过专家组验收鉴定,经过 4 年的研究工作,标志我国野生狍驯化和人工饲养成功,并且达到国际先进水平。

(三)国内养狍的研究现状

我国对野生狍研究工作自陕西省动物研究所胡金元、袁西安

(1982)首次报道"狍的繁殖"开始到 2000 年之后,国内对野生狍的驯化和人工饲养工作的科学研究进展得相对缓慢,在此期间,关于野生狍研究报道的资料相对比较少。2001 年以后,关于野生狍研究报道的资料有大幅度的增加。截至 2008 年底笔者查新 http://www.CNKI.net(中国科技期刊文献数据库),关于狍方面的研究论文主要有,胡金元等(1982)"狍的繁殖",王丽萍等(1994)"成年狍雌性生殖器官组织形态学观察",马建章等(1996)"马鹿和狍饲料植物的营养质量",张伟等(1997)"大兴安岭林区冬季狍的生境选择",李长生等(2001)"狍的生物学特性",宋百军等(2001)"狍的生物学特性和科学饲养",宋影等(2001)"黑龙江省丰林自然保护区狍冬季食性的研究",李伟(2003)"白石砬子地区狍生态习性观察与食性分析",杨宝田(2006)等"16rs 基因探针对狍基因测定",马丽娟等(2007)"几种常用饲料在长白山狍瘤胃中降解率的测定",杨宝田(2006)等"东北地区狍种群的遗传变异",李长生等(2008)"圈养条件下狍发情配种模式的研究",李长生等(2008)"人工圈养条件下狍繁殖生理特性的研究",李长生(2008)"圈养条件下狍繁殖行为的研究"等。此外,还有一些科普文章。关于野生狍的驯化和人工饲养方面的研究报道相对少些。

我国目前对于狍的研究主要集中在野生环境条件下的生态学的研究,开展野生狍的人工驯化和饲养工作已经开始,关于狍的人工驯化、繁殖和饲养方面的研究内容也逐步进入科学研究阶段。尽管狍的研究资料比较零散,距形成完整的科学体系还需要一定的过程,但通过广大科学工作者长期的共同努力和探索,相信一定会将这一学科建设得更好。

(四)国内外对狍的研究的情况

目前,英国、加拿大等国家已经将分子生物学理论应用于欧洲狍的研究中,已经完成欧洲狍的染色体基因测序工作,并且利用现代生物化学的新理论研究欧洲狍的繁殖机制,对欧洲狍的重金属中毒和微量元素缺乏均有研究报道。在国内,开展野生狍的人工驯化和饲养技术进展也很快,染色体的基因测序工作在狍遗传多样性研究中已经开始;重金属中毒和微量元素缺乏的研究在家畜中研究比较多,在狍等野生动物的研究工作还没有报道;关于狍的繁殖生理、胚泡滞育期的形成、发情规律等问题进入到研究阶段。关于狍在茸角生长机制、人工饲养条件下的饲料配制、饲喂标准等问题尚需要进一步深入细致的探索和研究。当然要使我国野生狍的驯化和人工饲养工作得到快速的发展,需要广大的从事野生动物研究的工作者通过长期不懈的努力,将最新的生物科学理论应用于野生狍等野生动物的驯化和人工饲养技术的研究工作中,逐步形成一门系统的科学。

二、养狍业的经济效益

狍是一种重要的特种经济动物。中医学理论认为,狍茸具有生精补髓,养血益阳之功效,能提高学习和记忆力,促进生长发育和新陈代谢,提高免疫力,抗衰老,抗疲劳,强身健体;狍角有补气血、益精髓、强筋骨的功效;狍肺有解毒的功效;狍血有调经的功效。因此,狍可作为药用动物进行开发和利用。狍肉鲜嫩味美,高蛋白、低脂肪,营养丰富,号称"瘦肉之王"。狍肉的总氨基酸含量比牛肉高 1/5,而胆固醇比牛肉低 33.8%,优质肉比牛肉高 3%~8%,比羊肉高 10%~20%。狍肉具有滋阴补阳双重保健功能。狍皮珍贵,毛皮可做褥垫,防潮御寒。皮可以制革,加工高档裘皮装。腿部的毛皮毛质柔软,不易折,皮板结实,可以制成皮靴,穿着轻便、温暖,国外还有用狍毛皮加工成地毯使用的。狍角十分美观,可用来制成衣帽挂钩、刀把等手工艺品,是很珍稀的装饰品。狍产品过去主要是狩猎业提供,猎人猎捕野狍后出售。在封建社会,狍是皇家猎苑的主要狩猎动物,也是皇族贵人最喜食的野味佳肴。新中国成立后国家外贸部门曾以 48～60 元/千克收购猎狍出口换汇。现在开展野生狍的驯化养殖工作具有广泛的前景。

狍是善于奔跑、跳跃的动物,具有野生动物习性,经人工驯养后,形体优美,且性情温驯。公狍茸角在 1 年内有较大的变化,是鹿科动物中惟一在冬季长茸角的动物,显得特别奇特。狍常被看成旅游观赏的珍贵动物,深受游人喜爱。

野生狍还可以被用来监测环境变化。Kierdorf(2002)对1990～1999 年间在德国北莱茵河威斯特发里亚 14 个地区收集的野生狍茸角所含氟化物水平进行了分析,结果显示,狍茸角中氟化物含量在 113～1 995 毫克/千克,证明该地区氟化物污染严重。

养狍业与农业生产发展有着密切的关系,它为农业增加有机肥料。作为有机质肥料的狍粪肥有很高的肥料价值,能保持土壤肥力,促使农业增产;含有农作物所需要的氮、磷、钾三要素;含有比较丰富的有机质,它不仅能给作物提供必需的养分,还有增强地力和改良土壤的作用,对增加作物产量有显著效果。狍是草食动物,养狍可利用农副产品和天然饲料资源,采食植物饲料。中国山林草地面积广阔,仅长白山地带就有林地面积 767.33 万公顷,年产青绿饲料、粗干枝叶饲料 10 多亿吨。狍资源多的地区,也多是植物性饲料极丰富的地带。养狍业可推动农村种植业、养殖业、加工业和相关产业的发展。养狍能发展地方经济和增加个人的收入,对建设社会主义新农村,全面建设小康社会,提高生活水平也有很大作用。

三、养狍业的发展前景

狍茸产品具有很高的药用价值,其经济意义也十分重大。养狍不仅能获得狍茸产品,还能生产大量的狍肉。狍肉在国际市场上的销售量还在逐渐增加。随着养狍数量的迅速增加,狍肉也将成为人们食物结构中一项重要的肉食来源。狍肉是一种高蛋白质、低脂肪,营养丰富,味道鲜美的食品,内销与出口都深受欢迎。

我国幅员辽阔,山区、半山区饲料和饲草资源十分丰富,为发展养狍业提供了极其优越的条件。狍具有生活力强、饲料范围广的特点,可适应山林、草原及平原农作区各种自然环境。它能采食树木的干嫩枝和干叶,有消化木质纤维素的能力,一般家畜无法与之相比。在青藏高原、内蒙古、新疆的沙漠地带、甘肃、青海的半荒漠地带,地处高寒,气候恶劣,优良牧草较少,产草量很低且往往灌木丛生,牛、羊不喜欢采食,如能发展养狍业,既可收茸又可产肉,有望改变这些地区的牧业经济面貌。同样,我国尚待开发的南方草场资源,有相当一部分植被成分很不理想,品质恶劣,牛、羊很难适应,可以考虑发展驯养亚热带鹿科动物,加以合理开发利用。

在饲养方式上可以根据各地区的具体条件,因地制宜,实行圈养或圈牧结合的方式饲养。这些方式在国内外都已采用。根据我国的具体情况,培养耐粗饲、耐寒和适应性强的狍是一个重要的方向。这样,可以更好地发挥其投资少、收效高的特点。同时,在狍的育种中,培育茸、肉兼用的高产类型,也是大有前途的。

发展狍业生产,不但要提高生产技术和研究开发产品的深加工能力,更应重视国内外市场对产品质量的要求;活跃集市贸易,繁荣经济。因此,狍业生产要向规模化、集约化、集团化方向发展。培养适应狍业发展的专门技术人才,同时通过培训提高个体户的养狍技术水平,大力发展农民集体养狍。让狍从野生变成家养,为我国畜牧业提供新的机会。良种资源和饲料资源丰富为我国养狍业发展提供了有利条件。在向市场经济发展的新形势下,养狍业有着广阔的发展前景。

第二章　狍的生物学特性和解剖特点

从狍的身体外部形态看,西伯利亚狍的体型最大,肩高为60～75 厘米,体重 25～45 千克,体长 110～120 厘米,茸角分杈趋于外展,体型大约为欧洲狍的 2 倍;欧洲狍的体型最小,茸角分杈趋于合拢;中国狍的体重和体型介于西伯利亚狍和欧洲狍之间,茸角分杈与西伯利亚狍的茸角相近。

同一亚种狍,因自身的健康状况、饲料的营养价值和利用情况、生活区域的气候因素的条件的影响,狍的体型、体重和茸角的生长状况也有所不同。但 3 个亚种狍的双侧茸角最终都能够生长为 6 杈角(双侧茸角共生长 6 杈,单侧茸角应 3 杈),然后骨化为坚实的骨角。

一、野生狍资源分布

我国境内狍共分 4 个亚种,即中亚亚种、华北亚种、东北亚种和西北亚种。中亚亚种主要分布在乌拉尔山和伏尔加河以东的我国新疆维吾尔自治区的阿尔泰山、天山区域,华北亚种主要分布在河南、河北、北京、湖北,东北亚种主要分布在吉林、辽宁、黑龙江、内蒙古,西北亚种主要分布在陕西、四川、甘肃、宁夏、青海。

东北地区各山系和平原都有狍分布。在吉林省的长白山区的通化、集安、白山、敦化、安图、延吉、抚松、靖宇各县(市)以及辽源、吉林、白城等地均有分布。辽宁省主要分布在清原、新宾、凤城、宽甸、盖州、普兰店等地。在黑龙江省大兴安岭的伊敏河中上游、红花尔基、额尔古纳河流域,海拉尔以北的大黑山、奇乾,嫩江以北山区;小兴安岭的通河、铁力、伊春、爱辉;完达山区的饶河、虎林、密

图 2-1 狍的形态

山、宝清、鸡西、穆棱；三江平原的抚远、张广才岭、尚志、方正、延寿各山区地带均有分布。在内蒙古东北部分布的地区集中于呼伦贝尔盟的鄂伦春自治旗、牙克石、红花尔吉等地。

我国的野生狍资源主要分布在吉林、辽宁、黑龙江、内蒙古、河北、山西、陕西、四川、河南、甘肃和新疆等省、自治区。由于各个省之间的地域分布、地理环境、气候因素的不同，狍在各自的生活环境中的长期自然选择，逐步形成各个区域具有各自的特征(图 2-1)。

二、形态特征

狍为中型鹿科动物，体重一般为 25～45 千克，体长 1～1.4 米。肩与臀高不及 1 米。头部侧面近似三角形。眼大，有眶下腺。额较高，鼻端裸出无毛。耳大且直立，宽而圆，长约 18 厘米，内外被毛，内侧色浅毛稀。颈长。四肢细长，后肢略长于前肢。蹄狭尖，呈黑色，侧蹄比主蹄短 2 倍，一般不着地。母狍比公狍略小。公狍长有角，长约 30 厘米，分 3 杈，偶尔也有分 4 杈的。主干离基部约 9 厘米处分成前后两枝，前枝尖向上，后枝又分为 2 杈，其中一枝尖向上，另一枝向后偏内。尾很短，淡黄色，2～3 厘米，隐藏于体毛内。

刚出生的仔狍毛色为暗棕黄色，自颈部到身体两侧分布 2～3 排不规则的白色斑点，这些白色斑点在生后的 8～10 周逐渐变暗，最终完全消失,育成狍在翌年 4～5 月份首次脱冬毛长夏毛,刚开始长出的夏毛为栗红色,以后逐渐变为沙黄色。成年狍在每年 10～11 月份完成脱夏毛长冬毛过程,翌年的 4～5 月份脱换冬毛长夏毛,脱冬毛长夏毛从颈部开始。成年狍刚开始长出的夏毛为栗红色,以后逐渐变为沙黄色。公狍和母狍在鼻唇镜、鼻两侧有白色的斑点,下唇为白色,这种面部白斑特征在幼狍个体上更为突出。随着狍的年龄生长,面部白斑逐渐变为灰白色,且额部毛发卷曲,形成一种老龄的外表。观察研究狍的头部、面部的形态和颜色的变化,有助于从外观上鉴别和掌握狍的年龄。

狍冬毛厚密,棕灰色。被毛毛基为淡紫色,毛尖黑棕色,毛干棕黄色。体侧毛基淡紫色,毛尖淡棕黄色。腹部毛色浅淡,为淡黄色。唇部咖啡棕色,鼻端近黑色。两颊和耳基部黄棕色,耳背面灰棕色,耳尖黑色,耳腹面淡黄色而近白色四肢外侧沙黄色,内侧较淡,呈黄白色,毛短而细密,柔软不易折断,皮板坚韧结实,适于冬季涉雪。臀部有白色斑块,尾毛淡黄色。夏毛短薄,毛色单纯,从头至尾包括四肢外侧均呈黄棕色,背中线毛色较深。腹面从胸部、腹股沟部至四肢内侧都呈淡黄色。唇部、鼻尖毛色同冬毛,面颊淡黄,下颌白色。耳被毛稀疏,暗棕色,耳内壳有淡黄色或近白色的毛。幼年狍体侧有白色斑点,半岁左右随胎毛退换而消失。

狍臀部的毛色为白色,生长白色臀毛的区域称为臀斑。狍的臀毛形态和臀斑特征在外观上对性别的鉴别很有意义,公狍的臀毛逆立突出,形成臀毛簇,臀斑的形状呈"肾形";母狍臀毛簇竖立向下,臀斑的形状呈"桃形"。狍有 1 个很短的尾巴,不经过很近的身体检查,很难看到。狍的尾巴形态是狍这种动物的一个重要的区别性特征。

狍具有典型的端掌骨,第一和第五掌骨末端退化,只留遗迹。上颌骨前伸,吻部突出,泪骨短,不与鼻骨相连,眶前缘有浅的泪窝。额骨不与上颌骨连接,其后部中央稍微隆起。公狍在额骨后外侧有隆起呈短柱状,称为角基,角由此长出;雌性在相应部位也有隆起,但仅有脊突。上颌缺门齿,但有 1 对小犬齿。第一前臼齿小,第二、第三前臼齿较大,各具 1 对新月形齿突。臼齿有新月形齿突 1 对,排成 2 列。下颌门齿和龋齿均集中前端,无犬齿(一些学者认为狍下颌的龋齿是变形的犬齿),中央 1 对门齿最大,齿面呈凿状,外侧门齿与龋齿狭小,龋齿与前臼齿间空隙大。第一前臼齿小,第二、第三前臼齿较大,第三前臼齿与第一、第二臼齿各具新月形齿突 2 对,排成 2 行,第三臼齿较大,齿突 3 横列。齿式为 $(0133/4033) \times 2 = 34$ 枚。

三、生态习性

(一)栖息环境

狍的生境选择比较广泛,典型的栖息地为树木比较稀疏的山地针阔叶混交林、阔叶林和多草的灌丛地带、森林河谷、平原的沼泽苇塘、火烧迹地和大森林的边缘地带都是狍生存的理想场所。像白桦这样的速生林在火烧后能够迅速提供一个遮蔽物,从而保护狍不受危害,遮蔽保护作用对于生境选择是至关重要的。在长白山,狍夏季也出现于针叶林、高山岳桦林和山顶苔原地带。冬季多栖息于低山丘陵灌丛草地和林缘次生林。有时也进入农田地区。张伟等(1997)的研究表明,在大兴安岭林区冬季狍对植被类型的选择较明显,喜栖于草类—白桦—落叶松林、采伐迹地、河岸杂木林及杨桦混交林内,对兴安杜鹃—落叶松林和兴安杜鹃—樟子松林的选择性最低。在地形的选择上,狍喜欢平缓向阳的山坡,这里远离河流和道路,较少受到人类的干扰。

（二）家族式群居性和活动情况

狍和鹿不同,没有明显的群居性。野生状态下,狍通常以 3～5 只的小群体或单个体活动,偶尔在冬季也能看到 6～8 只狍组成的群体活动,这样的群体一般是由成年母狍和它的仔狍组成。公狍一般独居且单独活动。当母狍单独活动时,会有公狍在它的附近活动。

狍大多在晨昏活动,在冬季食物缺乏时活动变得频繁,夜间和中午也活动。活动一般是由栖息处来到灌丛或林缘草地觅食,然后再返回栖息处静卧休息。

春季是狍活跃的季节,公狍尽可能地占领自己的活动领域,但不是群体中所有的公狍都可以获得理想的活动领域。一些地位低下、体弱的公狍将被驱出这些理想的生活领域,被迫迁徙到其他领地生活。成年妊娠母狍为当年的仔狍出生做准备,将上 1 年出生的育成狍驱逐出群,结果导致狍的生活领地重新分布。

偶尔有的年幼的公狍,对称王有交配权的公狍(王子狍)没有威胁和竞争,可以容许在王子狍的生活区域附近的特定区域生活——卫星狍。卫星狍的生活区域、饲料资源比较优越,并能得到王子狍的庇护,能够掌握群体结构的生活知识,懂得随意追逐交配母狍要冒危险,受到王子狍的攻击,甚至要受伤。这些卫星狍最终有可能成为王子狍的继承者。

母狍可以保留它的生活区域若干年,不像公狍那样标记生活区域,而是用趾间腺标记生活区域,当其他母狍、仔狍进入该生活区域时,也会发生争斗。母狍标记的生活区域有时叠盖其他母狍、公狍的生活区域。

每年 4 月份开始,成年公狍摩擦树皮、折断小树顶端,将前额腺分泌物涂在树干上,有时用前蹄扒去地面的植被,形成小块的裸地,以此方式标记它的生活区域。此时的公狍对它的生活区域的树木、植被的破坏性更大。

（三）行为特性

野生狍具有季节性迁移习性，这个习性非后天获得，从而有人提出狍迁移进化假说。狍性情机警，嗅觉、听觉和视觉都很敏锐。善于奔跑，受惊后常奔跑一阵再停下来回头观望。对野生狍鸣叫行为的研究表明，作为初始用以阻止天敌追赶的吼叫声已经赋予了又一重要功能——领地占有信号，同时还可能是位置和身份的象征。此外，公狍对繁殖领地的占有还借助于机体脱落的碎屑、角在矮灌木上留下的刺痕以及落叶等来作为标记。

（四）野生条件下对饲料采食

野生狍是以植物性饲料为主的草食动物。喜欢采食各种灌木的嫩枝叶、芽苞、树皮和各类青草，尤以杨树、桦树、榆树、蒙古柞等的嫩枝叶最为喜欢。在狍所采食饲草中，木本植物叶中的粗蛋白质含量在全年呈最高趋势，枝条中粗蛋白质含量最低，枝条中中性洗涤纤维和酸性洗涤纤维四季含量最高，非禾本科和莎草科草中的中性洗涤纤维含量最低。狍对饲料植物干物质的体外消化率与饲料植物中的粗蛋白质含量存在显著的正相关，与酸性洗涤纤维存在显著的负相关。王力军等（2003）应用雪尿分析技术分析了狍冬季营养状况，雪尿中较低的尿素氮与肌酸酐的比率反映了食物资源可利用性低。狍春季时喜食榆树嫩皮、刺五加芽以及落叶松的嫩枝和皮。冬季食物缺乏时，也食干草、地衣、苔藓、蘑菇、浆果、橡籽等。宋影等（2001）采用粪便显微组织学分析方法研究了小兴安岭林区狍冬季食性，结果认为狍对紫椴和蒙古柞有较大的正选择，对刺老芽和糠椴却有较大的负选择。狍冬季对部分植物选择性的强弱顺序为：紫椴＞蒙古柞＞桦树＞柳树、红松、云杉＞杨树＞榆树＞刺老芽。狍对食物的选择性变化很大，并且主要以 *Le-*

guminosa 和 *Cistaceae* 为普遍种的双子叶植物组成,单子叶植物(代表种 *Graminaceae*)位居消费的次级,狍的采食习性较好地适应了营养需求。

人工饲养条件下,每日给狍投喂饲料的次数和饲喂时间间隔与鹿基本相同,饲喂后要给予充分反刍时间。狍的消化系统比梅花鹿和马鹿的消化系统简单,饲料通过消化道的速度相对要快一些。因此,狍在人工饲养时,饲料的品质和可消化利用情况对狍的健康、生长发育是非常关键的。

在春季和夏季的几个月,人工饲养狍要增加每日饲料的饲喂量,以恢复狍在越冬期的营养消耗,因为公狍在冬季要换角生茸,母狍在冬季妊娠,必将消耗大量的营养物质。在晚秋和冬季,如果减少狍的活动会影响狍的新陈代谢,促进它的半冬眠,进而抑制它的正常采食。通过人工对狍的刺激,使狍能够正常采食,保证狍贮存足够营养物质供冬季消耗。但此期是一年中饲料最缺乏的季节,保证饲料品质和营养成分对科学养狍是非常关键的。

在野生条件下,狍全天采食,在黎明和傍晚黄昏时采食频繁。根据季节不同、气候变化和人为干扰等因素都影响狍的采食活动。当狍受到规律性干扰时,狍可隐蔽在白天活动的区域,在夜间出来采食。暴风雨和强风抑制狍的采食活动。狍喜欢日光浴,阳光中紫外线可以杀毒灭菌,保持身体卫生和健康。观察野生狍采食活动的最佳时机是在狂风暴雨过后,天气突然好转和地面变干,此时的狍很快出来采食。

狍生活区域的土质类型对狍的寿命影响极大,除一些疾病因素外,狍的寿命主要取决于采食饲料的营养价值和牙齿磨损程度。饲料比较坚硬、饲料含有沙砾都会加速狍的牙齿磨损。

(五)繁殖特性

狍为季节性 1 次发情动物,它是鹿科动物中惟一在妊娠期具有胚泡滞育期的动物。发情配种期主要集中在每年 8～9 月份,但因纬度、海拔高度以及食物、气候、年龄等条件的变化而有很大差别,在冬季处于良好生活环境和饲养条件下的母狍发情配种早,处女狍比年龄大的母狍发情早且性欲旺盛。光周期的变化和埋植褪黑激素对母狍排卵周期的影响试验表明,母狍在 4 月份埋植褪黑激素能够诱导排卵进程,夏至后的长光照作用使排卵延滞,因此,母狍的繁殖期应起始于初次感受短光照的 8 月份,结束于初次感受长光照的 2 月份。发情时,公狍兴奋、食量减少,沿足迹追逐母狍,根据蹄腺分泌物的引导很容易追上母狍。此时如果母狍已发情,则能够顺利交配。交配后的公狍又去追逐其他的母狍。公狍有较强逐偶习性,1 只公狍常常占有数只母狍。受配母狍形成的受精卵在子宫内延迟着床,呈现游离状态,发育缓慢,直至 12 月末或翌年 1 月初,游离的胚泡才能在子宫壁着床,着床后的胚泡迅速发育,妊娠期大约 9.5 个月,在 4～5 月份分娩产仔。雄性胚胎和幼仔的生长发育较快,体重的成熟母狍比体轻的或初产的母狍胚胎要大,而且其胚胎的雄性比例大(55％),

图 2-2　狍的茸角

产仔数有随母狍年龄、体重增加而增多的趋势,狍每胎产 2 仔居多,有时每胎也可以产 3 仔。幼仔产出后即睁眼,毛干后即可蹒跚行走,7 天后可随母狍在近处活动。哺乳期约 1 个月。1～2 岁性成熟,寿命 10～12 年。

（六）狍的茸角

狍的茸角（未骨化的嫩角称为狍茸，骨化后坚硬状态称为角）生长规律既不同于牛、羊等反刍动物生长的洞角，又不同于梅花鹿、马鹿等鹿科动物生长的实角。狍的茸角每年脱落和生长1次，且它的茸角脱落和生长都发生在冬季。在野生状态，狍在此时恰逢饲料比较缺乏，饲料品质较差的季节。

公狍出生9个月后，在它额骨顶部的头皮旋处生长1个很小的突起，形成生长茸角的基础——角基，而后在角基上逐步生长1个很小的独角茸，继续生长后，这个独角茸最后完全骨化，形成初角。骨化的初角于翌年早春脱落，开始生长第一副茸角。偶尔有些特别强壮育成狍个体，如果栖息在特别优越的生活环境条件下，于生后的翌年也能生长3杈茸角（单侧茸角）。在一般情况下育成公狍生长2杈茸角、独角茸极为普遍。

狍的茸角在生长过程中，茸角的表面覆盖有一层带有细茸毛的茸皮，茸角的血管和神经提供保证其生长的营养物质和神经支配。狍的茸角与其他反刍动物的洞角不同，它来自公狍额骨表面形成的角基，每年周期性地脱落1次。洞角中间是空的，且与颅腔相通，终生不脱落。年龄小的公狍通常在每年的3～4月份生长茸角，年龄较大的公狍每年1～2月份生长茸角，当长日照（光照时数12小时以上）信号刺激作用时，引起体内血浆中的睾酮水平升高，导致机体通过血液对茸角供应营养物质的中断，致使茸角表皮和茸毛干枯萎缩，茸皮开始破裂脱落，茸角骨化为坚硬的骨角，进而成为发情配种期争偶角斗的武器。此时的公狍用骨化角摩擦树皮，蹭掉茸角破裂的表皮。因为此时骨化角黏有摩擦的树皮汁液，由原来的白色变为黄褐色。此期的公狍对生活区域的树木、植被有很大的破坏作用。

公狍的茸角生长主要与体内的性激素（睾酮、雌二醇）密切相关。如果公狍的睾丸被破坏,导致公狍体内的两种性激素不能形成正常的对立统一体系,就会导致公狍的茸角终身不发生骨化变硬,也不会发生年周期性的脱落。

成狍的典型茸角形态结构为近似等长分枝 3 杈,即主干(顶枝)、眉枝(第一分枝、在眼眉的上方)、背枝(第二分枝、向背方向)。茸角和额骨相连部分是狍的生茸基础——角基,角基与茸角主干连接处有一覆盖珍珠样结节的突起结构——称为珍珠盘,角基的形状和高低与狍的年龄关系密切,狍的年龄越小,角基越细越高;相反狍的年龄越大,角基越粗越短。随着狍的年龄逐渐变老,角基逐渐变短,直到最后完全消失在额骨上,此时的公狍便丧失了生长茸角的能力。

公狍的茸角生长的优劣与饲养条件、健康状况、年龄等因素有关。一个优良的成年公狍,如果饲养条件很差、饲料品质低劣,也会生长一副很小的狍茸;但翌年生活在饲养条件较好的环境中,又会生长一副很好的狍茸。成年公狍在每年的11～12 月份脱去骨角、生长新茸,年龄大的公狍比年龄小的公狍脱角长茸早。年龄大的公狍角基变粗变短,茸角分枝角度大,与原有正常的分枝角度位置出现偏差。有时在茸角的虎口(主干和分枝的连接处)呈现轻微的手掌状,这种公狍基本到了利用年限的终点。偶尔在群体中发现,年龄特大的母狍有时也会生长很小的角基,甚至能生长一副很小的茸角,这主要是因为老年母狍体内雌激素分泌失调的结果。

(七)换 毛

狍每年换毛 2 次,一般 4 月份开始脱换冬毛,至 7 月底结束;8～9 月份冬毛长出,11 月份生长完全。

四、种群状态

国家林业局(林业部)1995 年启动的首次全国陆生野生动物资源调查显示,狍的种群数量超过 10 万只,但这种非国家重点保护野生动物种群数量下降趋势明显,目前的分布和数量已经十分稀少,许多地区已经绝迹。据黑龙江省林业厅 1965 年在穆棱、林口、密山、东宁、鸡西等地的调查,平均种群密度为 0.46 只/平方千米,林口县(次生林)密度最高为 0.53 只/平方千米,穆棱、东宁最低(针阔混交林)为 0.12 只/平方千米,5 县共计 6 000 余只。在吉林省长白山自然保护区,据 1975 年的调查,种群密度为 0.011 只/平方千米左右。高继宏等(1995)采用雪地痕迹特征调查方法对牡丹峰国家公园内的狍数量进行了研究,结果认为公园内生存 465 只狍,变动范围在 381~549 只。叶廷安等(1997)对陕西黄土高原分布的狍数量进行的调查研究,1976 年野生狍密度是 6.07±0.83 只/平方千米,1982 年是 5.09±0.61 只/平方千米,种群数量下降很快。可能是由于雪被厚,气温较低,秋季短暂,狍来不及积累足够的越冬脂肪,以及强烈的狩猎干扰使体能消耗过度,在春季产仔、建立领地和换毛时由于体质虚弱而大量死亡。

五、经济意义

(一)狍是一种重要的经济动物

狍肉鲜嫩味美,高蛋白质、低脂肪,营养丰富,号称"瘦肉之王"。其总氨基酸含量比牛肉高 1/5,而胆固醇比牛肉低 33.8%,优质肉比牛肉高 3%~8%,比羊肉高 10%~20%。狍肉具有滋阴补阳双重保健功能。狍皮珍贵,毛皮可做褥垫,防潮御寒。皮可以制革,加工高档裘皮装。腿部的毛皮毛质柔软,不易折,皮板结实,可以制成皮靴,穿着轻便、温暖。国外还有用狍毛皮加工成地毯使用的。狍角十分美观,可用来制成衣帽挂钩、刀把等手工艺品,是很珍稀的装饰品。

(二)狍是一种药用动物

中医学理论认为,狍茸具有生精补髓,养血益阳之功效,能提高学习和记忆力,促进生长发育和新陈代谢,提高免疫力,抗衰老,抗疲劳,强身健体的功效。狍的茸角生长后期完全骨化为角,狍角有补气血、益精髓、强筋骨和消炎的功效;狍肺有解毒的功效,狍血有调经的功效。

(三)狍是一种具有观赏价值的观赏动物

狍产品过去主要是狩猎业提供,猎人猎捕野狍后出售。现在已经有很多地方开展了野生狍的驯化养殖工作。在一些旅游观光区,饲养一些狍可以用于游客的旅游观赏,满足人们的需要。

六、狍的解剖特点

解剖学包括大体解剖学、组织解剖学和比较解剖学 3 个层次的内容。在本书主要阐述狍的大体解剖学特点。主要有运动系统、被皮系统、消化系统、呼吸系统、泌尿系统、生殖系统、外激素分泌腺、其他系统等。

(一)运动系统

狍的运动系统由骨骼和骨骼肌 2 大部分构成。

狍的全身骨骼见图 2-3。狍的全身骨骼包括主轴骨和四肢骨。主轴骨又包括头骨和躯干骨;四肢骨又包括前肢骨和后肢骨。

下面将狍的全身骨骼分为骨骼和骨连接两部分进行介绍。

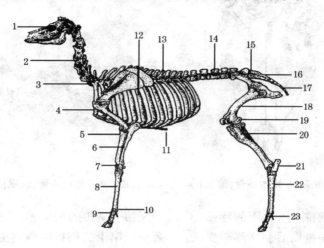

图 2-3　狍的全身骨骼

1. 头骨　2. 颈骨　3. 肩胛骨　4. 臂骨　5. 桡骨　6. 尺骨　7. 腕骨

8. 掌骨　9. 指骨　10. 籽骨　11. 胸骨　12. 肋骨　13. 胸椎骨

14. 腰椎骨　15. 荐骨　16. 髋骨　17. 尾骨　18. 股骨　19. 膝盖骨

20. 小腿骨　21. 跗骨　22. 跖骨　23. 趾骨

1. 骨　骼

（1）头骨　狍的头骨见图 2-4，图 2-5。

狍头骨包括颅骨和面骨，公狍额骨发达，额骨的角突内为骨松质，没有空腔；成年狍锯茸后，角突顶端形成环状的角盘，角盘周缘有许多结节。母狍额骨没有角突。眶下窝前方的上颌骨、鼻骨、额骨和泪骨之间，没有骨质，只有结缔组织膜。

（2）躯 干 骨

躯干骨特点：狍的躯干骨由 39 个脊椎、13 对肋（肋骨及肋软骨）、7 节胸骨构成。39 个脊椎中，颈椎 7 块，胸椎 13 块，腰椎有 6块，荐椎有 4 块，尾椎有 9 块。

图 2-4 狍的头骨（俯视）   图 2-5 狍的头骨（侧视）

胸椎具有如下的特征：①第一至第五胸椎的棘突逐渐增高，第五胸椎以后棘突逐渐变低。②第一至第十二胸椎的棘突方向斜向后上方，第十三胸椎的棘突近似直立。③第一至第七胸椎椎体长度逐渐变短，第七至第十三胸椎椎体长度逐渐变长。

肋骨具有如下的特征：①第一至第七肋骨长度逐渐增加。②第七至第九对肋骨的长度近似相等，第十至第十三对肋骨长度逐渐减短。③第一至第八对肋骨通常称为真肋，第九至第十三对肋骨通常称为假肋。

腰椎具有如下的特征：①腰椎的肋骨窝退化并与横突相合。②腰椎的棘突与胸椎的棘突比较，腰椎的棘突低而宽。③第一至第四腰椎的横突逐渐变长，第五、第六腰椎的横突又逐渐缩短。

荐椎：狍的荐椎有 4 块，共同愈合为 1 块荐骨。

尾椎具有如下特征：①第一至第四尾椎具有椎体与椎弓的特征。②第五至第九尾椎逐渐失去椎骨的基本形态，而呈柱状，且椎骨长度变短。

（3）四肢骨 狍的前肢骨与后肢骨分别见图 2-6，图 2-7。

前肢骨特点：肩胛骨的肩胛棘很明显、棘峰特别显著；臂骨、桡

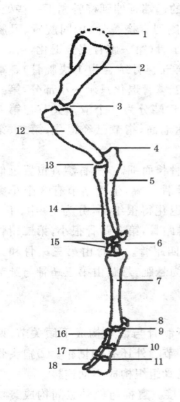

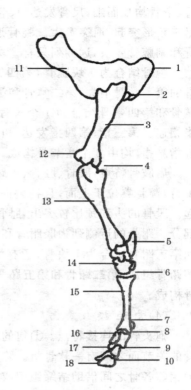

图 2-6 狍的前肢骨

1. 肩胛软骨 2. 肩胛骨 3. 肩关节

4. 肘突 5. 尺骨 6. 腕关节

7. 掌骨 8. 近端籽骨 9. 球关节

10. 冠关节 11. 蹄关节 12. 肱骨

13. 肘关节 14. 桡骨 15. 腕骨

16. 系骨 17. 冠骨 18. 蹄骨

图 2-7 狍的后肢骨

1. 坐骨 2. 髋关节 3. 股骨

4. 膝关节 5. 跟关节 6. 跗关节

7. 近端籽骨 8. 系关节 9. 冠关节

10. 蹄关节 11. 髂骨 12. 膝关节

13. 小腿骨 14. 跗骨 15. 蹠骨

16. 系骨 17. 冠骨 18. 蹄骨

骨、掌骨均长而细,尺骨发达、尺骨的远端延伸到桡骨稍下一些处,呈三角形突起,肘突宽大。腕骨近侧列有桡腕骨、中间腕骨、尺腕骨和副腕骨4块,远侧列只有2块小骨(第一腕骨完全退化,第二、第三腕骨结合为1块腕骨,第四、第五腕骨结合为1块腕骨)。掌骨的第一掌骨消失,第二掌骨和第五掌骨退化只剩一小部分,第三掌骨和第四掌骨结合为1个长骨,远端分为2个滑车关节与第一指相连。第三指、第四指发达,可达地面,指节已经退化;第二、第五指悬指,均由3个指节骨构成。

后肢骨特点:股骨、胫骨、主跖骨长而细。左、右髋骨位置近似平行,髋骨翼位于上面,且稍偏向荐骨外翼,坐骨结节有3个小突起。股骨的头和颈比较突出,腓骨退化得很细小,分为上、中、下3部分。跗骨的近侧列为胫跗骨和腓跗骨,第一跗骨很小,第二跗骨和第三跗骨结合为1块骨,还有第四跗骨。跖骨由第三跖骨和第四跖骨组成,第二跖骨和第五跖骨为悬趾,悬趾由第三跖骨与趾节骨构成。

(4)骨 连 接

狍头骨的连接特点。①狍的下颌骨与颞骨构成下颌关节,两骨的关节面之间有一软骨板。除关节囊外还有侧韧带。②狍头骨的相邻各骨之间借助结缔组织或软骨组织构成不动连接。

狍躯干骨连接特点。①可动连接。寰椎与枕骨之间构成寰枕关节,环椎与枢椎之间构成寰枢关节,前后相邻两关节突与关节窝构成关节,肋骨近侧端与胸椎(及第七颈椎)椎体肋窝构成肋椎关节,真肋的肋软骨远侧端与胸骨之间构成肋胸关节。②微动连接。相邻椎体间连接,椎头与椎窝之间存在软骨盘。颈椎到荐椎椎体的背侧存在背侧纵韧带,胸椎椎体到荐椎椎体的腹侧存在腹侧纵韧带。相邻椎弓与椎弓之间,借助黄韧带,棘间韧带彼此连接。胸椎、腰椎、荐椎棘突的顶端存在棘上韧带,颈椎棘突上存在颈韧带。肋骨和肋软骨间构成微动连接。③不动连接。荐椎借助椎间软骨和结缔组织愈合为荐骨,椎体与椎弓都不活动。胸骨的各个骨片之间存在软骨连接。

(5)四肢骨的连接特点

①前肢骨的连接特点 前肢关节包括肩关节、肘关节、腕关节及指关节;指关节又包括系关节、冠关节和蹄关节。臂骨间隙处存在桡尺横韧带,臂骨间隙的下方存在骨间韧带。第二、第五掌骨不与腕骨构成关节。籽骨韧带包括系韧带、籽骨侧韧带、籽骨间韧带、籽骨短韧带、籽骨十字韧带、籽骨斜韧带。冠关节的背侧存在薄的冠关节背侧韧带。指间韧带存在两主指之间,指间韧带的近侧脚附着在系骨远侧端和冠骨近侧端;指间韧带的远侧脚附着在冠骨远侧端和蹄骨上。3个指节骨之间构成关节,并存在侧韧带。

②后肢骨的连接特点 后肢关节包括荐髂关节、髋关节、膝关节、跗关节、趾关节。趾关节包括系关节、冠关节和蹄关节。荐髂关节能进行活动,荐髂背侧短韧带不发达。髋关节没有副韧带。膝关节的股膝内侧韧带宽大,并与膝内直韧带相连。膝中直韧带粗大。腓骨头与胫骨上端相愈合,不活动。腓骨下端形成踝骨,踝骨与胫骨、跗骨构成关节。跗背侧韧带狭窄,呈带状。趾关节与指关节相似。

2. 骨骼肌 狍的全身骨骼肌包括头部肌、躯干肌和四肢肌。

(1)头部肌 狍的头部肌分为颜面肌与咀嚼肌。

(2)躯干肌 狍的躯干肌包括脊柱肌、颈腹侧肌、胸壁肌和腹壁肌。

(3)四肢肌 狍的四肢肌由前肢肌和后肢肌组成。

(二)被皮系统

被皮系统包括皮肤和由皮肤演化而来的特殊器官,被皮除具有保护和感觉作用外,还有调节体温、散热、分泌、排泄和贮存营养等作用。

狍的被皮系统具有如下特点。

1. 皮肤 覆盖整个狍的身体,由外向内皮肤分为表皮、真皮和皮下组织3层。

2. 毛 覆盖整个狍的身体,可使狍抵御寒冷的侵袭。狍的毛分为覆盖身体表面的短毛和位于身体一定部位的长毛、粗毛。

3. 脱毛 狍是定期脱毛的动物。狍的被毛每年脱换2次,春夏之交脱去冬毛换生夏毛;秋冬之交脱去夏毛又换上冬毛。夏毛稀而短,冬毛密而长。

4. 蹄 狍为偶蹄动物,在第三、第四趾端有两个主蹄,在主蹄的后上方还有两个不太发达的退化小蹄,退化小蹄不与地面接触。

5. 乳房 由4个叶组成,有4个乳头。

6. 角 公狍有角,母狍无角。狍角位于头部额骨和顶骨边缘,周期性脱落。在冬季生长。在其生长期未骨化的角称为狍茸。狍茸外面被以柔软的茸皮,茸分2～3枝。狍角是在狍茸生长后期脱皮后经过骨化而形成的骨质硬角。狍茸以及狍角内部都无腔洞,这和牛、羊等洞角不同。

(三)消化系统

消化系统包括消化道和消化腺。消化道是饲料通过的管道,由口腔、咽、食管、胃、小肠、大肠和肛门组成。消化腺是分泌消化液的腺体,由唾液腺、肝、胰、胃腺、肠腺等组成。狍的消化系统具有如下特点。

1. 口腔特点

(1)唇 唇是采食的主要器官。唇部皮肤除有被毛外,还生有长的触毛,下唇触毛较多。上唇中部无被毛而形成暗褐色表面湿润光滑的鼻唇镜,内有鼻唇腺,在口角附近的黏膜上,有许多尖端向后的角质乳头。

(2)颊 颊黏膜淡红色,并常呈暗褐色。颊黏膜上有许多角质乳头。在第四、第五臼齿相对处的黏膜面上有腮腺管开口。颊肌内还有颊腺，开口于颊前庭黏膜。

（3）硬腭和软腭　硬腭上有横行皱褶，表面有细齿状角质小乳头。前部硬腭黏膜内有静脉丛。软腭很发达，咽峡很小，呈裂缝状。腭扁桃体位于软腭口腔面两侧的黏膜下。

（4）口腔底和舌

①口腔底　在舌的两侧与臼齿齿龈之间的皱褶上有锥状乳头，乳头之间有舌下腺管开口。舌尖腹侧有舌下内阜，舌下腺和颌下腺于此处开口。

②舌　舌根位于最后臼齿后部，舌体位于两侧臼齿之间，舌体背侧面有舌圆枕，舌根部黏膜较光滑，舌根与舌体交界处两侧黏膜下有小的舌扁桃体，舌黏膜表面有丝状乳头、锥状乳头、菌状乳头和轮廓乳头，后两种乳头内含有味蕾。

（5）齿　齿分切齿、犬齿和臼齿。

①切齿　上颌无切齿，下颌切齿每侧4枚。由内向外依次为门齿、内中间齿、外中间齿和隅齿（一些学者认为狐的下颌隅齿是变形的犬齿），两侧共8枚，见图2-8。

②犬齿　多位于上腭齿槽间缘前

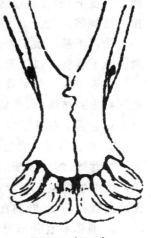

图2-8　切　齿

部，公、母狐左右侧均有1个犬齿，公狐犬齿比较发达，母狐犬齿仅露出齿龈。下颌无犬齿（一些学者认为狐的下颌隅齿是变形的犬齿）。

③臼齿　上、下颌各有6枚臼齿，见图2-9，图2-10。前3枚称前臼齿，后3枚称后臼齿。上颌臼齿齿冠较下颌臼齿齿冠大。

（6）唾液腺　狐的唾液腺很发达。除具有唇腺、颊腺、腭腺外，

图 2-9　狍的上颌臼齿　　　　　图 2-10　狍的下颌臼齿

还有成对的大腮腺、颌下腺和舌下腺。

①腮腺　腮腺是一个中央狭窄的不正四角形腺体。位于寰椎翼与下颌支后缘之间。腮腺管绕过下颌的血管切迹转向前上方，到面部皮下，沿咬肌前缘到颊部上部，开口于上颌第四、第五臼齿相对处颊部黏膜。

②颌下腺　颌下腺是不正三角形腺体。位于腮腺及下颌支内侧。颌下腺管开口于舌下肉阜。

③舌下腺　分短管舌下腺和长管舌下腺。短管舌下腺位于口腔底黏膜的皱褶中，其短的导管即开口于此部黏膜。长管舌下腺位于短管舌下腺外下方，其导管与颌下腺管共同开口于舌下肉阜。

2. 食管特点　食管的肌层为横纹肌肉，颈部食管在颈前部位于气管背侧，然后逐渐向左侧延伸，到颈后部，稍下垂于气管的左侧。胸部食管位于气管背侧，到气管分叉处，走在两肺背缘之间；腹部食管很短，经肝的食管切迹，向后连于胃的贲门。

3. 胃的特点　狍胃为多室混合胃。共有 4 室，即瘤胃、网胃、瓣胃和皱胃，见图 2-11。

（1）瘤胃　瘤胃体积较大，占据整个腹腔的左半部及右半部的大部，内面与各沟的相对处均形成肉柱，其中前、后肉柱最发达，冠状沟部的肉柱不明显。

（2）网胃　网胃位于膈与肝的后面，与第五、第七肋骨的中下部相对。网胃以瘤网胃口与瘤胃相通，前后以网瓣胃口通瓣胃，其壁上有食管沟。网胃黏膜形成四角形、五角形、六角形蜂巢形状，

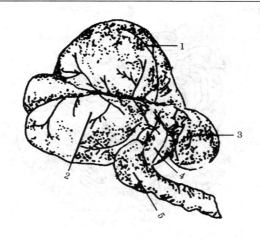

图 2-11　狍 的 胃
1. 瘤胃背囊　2. 瘤胃腹囊　3. 网胃　4. 瓣胃　5. 皱胃

规则又清楚。

(3)瓣胃　瓣胃是 4 个胃中最小的 1 个,位于右肋部与第八、第九肋骨中下部相对,瓣胃内有许多叶片。瓣胃底部有一瓣胃沟,连接网瓣口与瓣皱口。沟底无黏膜皱褶。液体和细粒饲料可由网胃经瓣胃沟直接进入皱胃。

(4)皱胃　皱胃也叫真胃,位于瘤胃前部左侧,其前端以瓣皱口与瓣胃相通,后端以幽门与十二指肠相连。皱胃腹侧面隆突称大弯,背侧面略凹称小弯。皱胃黏膜平滑,形成前后纵走的黏膜皱褶,黏膜内含有腺体,分泌胃液。

4. 网膜　网膜是胃与其他器官相连接的大浆膜皱褶,可分为大网膜和小网膜。

5. 肠、肝和胰的特点

(1)肠特点　狍的肠见图 2-12。小肠分为十二指肠、空肠和回肠 3 部分。大肠包括盲肠、结肠和直肠。

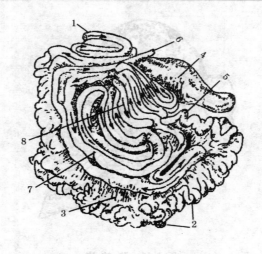

图 2-12　狍 的 肠

1. 十二指肠　2. 空肠　3. 空肠系膜　4. 盲肠
5. 回肠　6. 结肠终襻　7. 结肠旋襻　8. 结肠圆锥

　　（2）肝的特点　狍肝分叶不明显，没有胆囊。肝的背缘厚，在背缘的右上部有较深的肾压迹，与右肾相邻。左缘中下部有食管切迹。腹缘锐薄，右侧具有深切迹，将肝分为右上方的右叶及左下方的左叶。肝门位于中间叶，肝门背侧为尾叶，尾叶上有尾状突。尾叶中部有突向肝门的乳头突。

　　狍肝全部位于右季肋部，背缘与第一腰椎肋横突相邻，腹缘达第六肋骨与肋骨交界处水平部；左侧接后腔静脉，右缘距右侧肋弓4～5厘米，膈面与膈相邻，脏面与网胃、瓣胃、皱胃、十二指肠及胰相邻。

　　（3）胰的特点　胰位于右季肋部，前端位于肝门附近，前端位于第二腰椎肋横突的下方，内侧与瘤胃相邻，外侧与十二指肠相邻，腹侧是结肠。

（四）呼吸系统

狍的呼吸系统具有如下特点。

1. 鼻腔的特点　狍的鼻腔较长，约占头的 1/3。两侧鼻腔的后部相连。鼻孔为裂缝状长孔。

2. 喉的特点　狍的喉的形态构造是以 4 种 5 块软骨为支架，内覆黏膜，外被喉肌构成。会厌软骨游离缘呈半圆形，整个喉的纵径较大，横径较小，呈长筒形状。

3. 气管和支气管特点　狍的气管由气管环为支架构成，气管环数目由 50～70 个不等。气管前连喉，沿颈椎椎体腹侧后行，经胸前口进入胸腔，于心基的上方分成左右支气管，经左右肺的肺门进入左右肺。在分支前，由气管右侧分出 1 支较大的尖叶支气管，进入右肺的尖叶。

4. 肺的特点　狍的左、右肺相合，呈斜截圆锥形。左、右两肺的形态基本相似，但右肺大于左肺。狍左肺的尖叶很小，而右肺的尖叶则特别发达。右肺尖叶除与右侧胸壁接触外，还自心的前方转向左侧，即与左侧胸壁接触，以补充不发达左侧尖叶的位置。狍的肺见图 2-13。

（五）泌尿系统

1. 肾的特点　狍的肾属于平滑单乳头肾，左肾呈菜豆形，位于右侧最后肋骨近端及第一、第二椎肋横突的腹侧。右肾呈椭圆形，后部稍宽，其大小与右肾相似，位于左第二至第四腰椎肋横突腹侧。

2. 输尿管的特点　狍的输尿管由肾门向后延伸，走左腰腹侧面浆膜褶内，进入骨盆腔走向膀胱背侧，于膀胱体后部进入膀胱。

3. 膀胱的特点　狍膀胱位于骨盆腔内，当充满尿液时，前部可进入腹腔内。膀胱黏膜坚固平滑，在靠近膀胱颈处的背侧壁上，

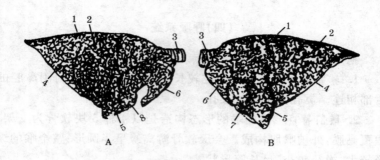

图 2-13 狍 的 肺

A. 左面观 B. 右面观

1. 背侧缘 2. 膈叶 3. 气管 4. 底缘
5. 心叶 6. 右肺尖叶 7. 心 8. 右肺尖叶

有输尿管开口。在输尿管口处,黏膜隆起形成输尿管柱。左、右输尿管口向后内侧延伸的黏膜褶叫输尿管褶。

4. 尿道的特点 公狍的尿道见生殖系统。母狍尿道短而宽,起于膀胱颈,开口于阴瓣后方,尿生殖前庭腹侧。在尿道外口后下部有一尿道憩室。

(六)生殖系统

狍的生殖系统是狍繁殖后代的器官系统,主要功能是产生生殖细胞,繁殖新的个体,保持种族延续。此外,生殖系统还可以分泌性激素,共同调节生殖器官的活动。

1. 公狍生殖系统 公狍生殖系统由睾丸、附睾、输精管、精索、阴囊、尿生殖道、副性腺、阴茎和包皮组成,公狍生殖系统见图2-14。

(1)睾丸特点 狍的睾丸大小随发情与否而变化很大。在配种季节睾丸显著膨大,重量可增加 $60\%\sim70\%$。

(2)附睾特点 附睾分附睾头、附睾体、附睾尾 3 部分。附睾

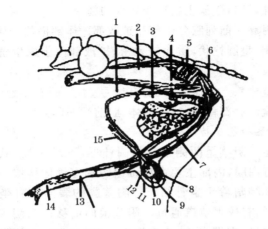

图2-14 公狍的生殖系统

1. 输精管 2. 直肠 3. 膀胱 4. 阴囊腺 5. 肛门提肌

6. 肛门括约肌 7. 阴茎 8. 附睾体和附睾尾 9. 鞘膜

10. 睾丸 11. 阴囊皮肤 12. 附睾头 13. 阴茎头

14. 包皮 15. 腹股沟管

头位于上部,附睾体较窄,附睾尾位于下端。

(3)输精管和精囊特点

①输精管 输精管起自附睾尾,沿精囊进入腹腔,再转入骨盆腔。在膀胱颈的背侧形成输精管壶腹,末端与精囊腺管相会形成射精管,开口于精阜。其开口呈纵向的裂缝,两开口之间有一纵向黏膜褶,将两侧输精管口分开。

②精囊 精囊呈扁圆锥形,上窄下宽。精囊含血管、神经、输精管和提睾肌等。输精管走向骨盆腔。

(4)阴囊 阴囊位于两侧腹部之间,阴囊颈不明显。

(5)副性腺特点

①精囊腺 精囊腺位于膀胱颈背侧,输精管壶腹的侧方,呈卵圆形,表面光滑。其排泄管与输精管末端合并成射精管。沿前列

腺腹侧延伸,开口于尿生殖道起始部的精阜。

②前列腺　前列腺分体部和扩散部。体部横位于尿生殖道起始部的背侧,呈圆枕状,质地较致密;扩散部位于尿生殖道骨盆部的壁内。

③尿道球腺　呈球形,大的有绿豆大,小的有粟粒大,位于尿生殖道骨盆部后部背侧,球海绵体、肌前端凹陷处。

(6)阴茎和包皮特点

①阴茎　阴茎呈两侧稍扁的圆柱形,不形成"S"状弯曲。阴茎表面被有白膜,内部主要由纤维组织和海绵体构成。阴茎根以左右两阴茎脚附着于坐骨结节。阴茎脚的表面被有坐骨海绵体肌,两脚之间有尿生殖道通过。阴茎根向前移行为阴茎体。阴茎头呈钝圆锥形,末端由4～6瓣海绵体皱褶构成,皱褶深部的纤维层很硬,尿道突很小,位于皱褶内,阴茎背面有2条细的韧带和血管,腹侧面有2条阴茎退缩肌。

②包皮　包皮口位于脐孔后方3～5厘米处,周围有稀疏的长毛。包皮前肌起始于包皮前部的腹外侧筋膜,止于包皮。包皮后肌有2条,呈带状,起于阴囊后部的腹壁,沿阴茎两侧向前伸延,止于包皮口。

(7)尿生殖道　尿生殖道分为骨盆部分与阴茎部分。

①骨盆部特点　骨盆部位于膀胱颈,沿骨盆腔底壁正中向后延伸,达坐骨弓。骨盆部表面包有发达的尿道肌,其内腔宽阔,在尿生殖道起始的背侧壁上,有1个黏膜隆起,是为精阜,其色较淡。精阜上有1对裂缝状的射精管口。精阜后方有数条黏膜褶。

②阴茎部特点　尿生殖道骨盆部绕过坐骨弓延续为阴茎部,其沿阴茎腹侧的尿道沟前行,开口于阴茎头的尿道突。

2. 母狍生殖系统　母狍的生殖系统由卵巢、输卵管、子宫、阴道、尿生殖前庭和阴门组成。卵巢是产生卵细胞和分泌雌激素的器官,输卵管是输送卵子和受精的管道,子宫是胎儿发育的器官,阴道、尿生殖前庭和阴门是胎儿娩出的器官,同时也是交配的器官。母狍生殖系统见图 2-15。

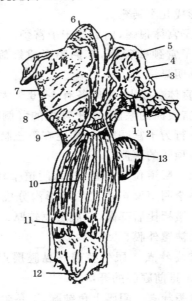

图 2-15 母狍的生殖系统

1. 卵巢 2. 输卵管伞 3. 输卵管 4. 卵巢韧带 5. 子宫角
6. 阴道 7. 子宫阔韧带 8. 子宫体 9. 子宫颈
10. 阴道 11. 尿道前口 12. 阴蒂 13. 膀胱

(1)卵巢特点 狍的卵巢呈菜豆形,色较淡,表面光滑,以卵巢系带悬于荐骨翼下方的骨盆腔前口处。卵巢后端以卵巢固有韧带连于子宫角,前端连于输卵管系膜。输卵管系膜由卵巢前端延伸到子宫阔韧带。输卵管系膜与卵巢固有韧带之间,形成较深的卵巢囊。

(2)输卵管特点 输卵管壶腹明显,输卵管子宫端连于子宫角,二者之间界限不明显。

（3）子宫特点

①子宫　分左右两角，右角比左角长而粗。子宫角弯曲的形状与鹿相似，且形成几个转弯。

②子宫体　子宫体很短，向后连于子宫颈。

③子宫颈　子宫颈壁很厚，其黏膜形成螺旋状皱褶，管径很小，子宫颈阴道部明显。

子宫角和子宫体黏膜上，每侧各有 4～6 个大小不等的子宫鹅毛叶。被覆于子宫表面的浆膜，由子宫角的背侧缘及子宫体的侧缘向侧方延伸，移行为子宫阔韧带，固定在第三腰椎至第四荐椎之间，腹腔的骨盆腔顶壁的两侧。

（4）阴道特点　阴道位于骨盆腔内，阴道壁较厚，黏膜层形成许多纵行皱褶，整个阴道又被中央的环形沟分成前后两部分。前部阴道黏膜纵行，皱褶比后部高，其肌层也较厚。前部阴道外表面有浆膜，而后部仅被覆外膜。

（5）尿生殖前庭特点　尿生殖前庭黏膜层形成多纵行皱褶。前庭侧壁上均有 1 排前庭腺的开口。

（6）阴唇及阴蒂特点　阴唇上角钝圆，下角尖锐。阴蒂位于阴唇下角阴门裂内，大部分埋在前庭的黏膜内，仅露 1 个带有黑色素的阴蒂头。

（七）外激素分泌腺

外激素一词首先由 Karlson（1979）提出，用以代表某特定物种个体间联系的化学物质，外激素有许多种，以腺体分泌的外激素最为重要。此处介绍狍的几种外激素分泌腺。

1. 眼下腺特点　位于眼下部靠近鼻翼两侧凹陷部，狍的眼下腺呈裂缝状，均较发达。其分泌物最初为油状液体，有特殊气味，以后变成固形物。其主要作用是标记。固形物还可入药，据说对癫痫病有治疗作用。

2. 眼睑腺特点　此腺分布于眼睑。狍眼睑腺的分泌显示进攻,还用作雌性个体识别信号。眼睑腺化学成分在性别间有本质差异。有趣的是去势公狍的成分与母狍的分泌物相似。这说明此腺体是受性激素控制的。

眼下腺和眼睑腺可能起源于哈氏腺,该腺体 1964 年由 Harder 首先描述。哈氏腺和泪腺一起位于眼球内侧,开口于内角瞬膜部,分泌液体湿润眼球。哈氏腺体释放外激素,借助唾液分布于颜面和身体其他部位,在同种间诱发生理和行为的同步化,还唤起修饰行为(如舔舐、梳理毛发等行为),当人们进入狍圈时,可看见"王子"狍扬起头发出"fu-fu"声,喷出唾液,这可能是哈氏腺参与报警。

3. 包皮腺和会阴腺特点　公、母狍在发情期,生殖器膨大潮红,分泌黏液,散发出特殊气味。母狍的气味最强烈,称为情臭,主要起引诱作用。

4. 跗腺特点　此腺位于后肢跗关节,呈白色或黄色毛丛,又称异色毛丛,日本称"中足腺"。推测与识别和标记有关。

5. 趾间腺特点　绝大多数偶蹄类动物都有趾间腺,它位于趾间。趾间腺由脂肪和汗腺组成,主要功能是在走过的地方留下芳香气味,用以保护领域,为同伴指路,识别本群成员。

6. 尾下腺特点　该腺体位于动物尾的根部,狍的尾下腺是 1个巨大的特殊腺体,由管状腺和瓣状的皮肤腺组成。受惊时,狍上举尾下腺,既作为视觉信号,又产生警报气味。当竖起尾巴逃跑时,气流吹着尾巴表面而使分泌物扩散,其他狍接收后可以判明方向。这在视觉信号不能起作用的密林中尤为重要。尾下腺还可入药,其功能与狍茸相近,有效成分尚不清楚。

(八)其他系统

狍的循环系统、神经系统、内分泌系统与梅花鹿、马鹿基本相同。

第三章　狍的引种与驯化

一、狍的引种

按照《中华人民共和国野生动物保护法》《国家野生濒危动植物保护条例》和《野生动物保护图谱》有关条款规定,野生狍属于国家二级保护动物,严禁任何单位和个人乱捕滥杀。科研单位、个人从事研究、经营工作,要经过国家相关部门审批,办理野生动物饲养和经营许可证。濒危动物要重点保护,杜绝猎杀;一级保护野生动物由国务院相关部门(林业总局)办理审批手续;二级以下保护野生动物由省级相关部门(林业厅)办理审批手续。因此,从事狍的研究和经营工作,要由省级相关部门(林业厅)办理审批手续,获得《野生动物饲养和经营许可证》后,才能合法从事狍的饲养、经营工作。

(一)引种时间的确定

狍属于野生动物,有其固有的生物学特性和繁殖规律,我国的地理位置、地区差异比较大。但根据狍的生物学特性和繁殖规律,每年的9~10月份,狍发情配种期结束,幼年狍已经断奶分群,此时引种比较科学。引种一般以引进断奶分群的幼年狍为主。

(二)引种地点

经由省级相关部门(林业厅)办理审批手续,获得《野生动物饲养和经营许可证》后,可以到具有狍资源的地区进行引种。科研单位用于科学研究,经过当地部门许可,可以猎捕一部分野生狍进行科学研究;也可以引种经过人工饲养狍。企业、个人应该以引种经过人工饲养狍为主。

(三)野生狍的捕捉

捕捉野生狍是一项很复杂的工作,在狍经常出没的区域设置陷阱、大面积捕捉网,一般不能使用猎枪狩猎。往往幼年狍和哺乳狍容易捕捉。捕捉狍要根据狍的生物学特性来进行,狍的生物学特性见第一章。

(四)暂 养

刚刚捕获的野生狍性情暴躁,如果处理不得当,很容易出现肺充血、水肿而死亡。因此,需要将刚刚捕获的野生狍放在安静环境下,进行临时性饲养,最好放在专用的笼子里单笼饲养。每天保证供给狍喜欢采食的饲料和充足的饮水,逐渐使狍的性情平静。暂养时间长短不一,一般需要经过1~2个月时间。

(五)检 疫

不管是捕获的野生狍,还是经过驯化的人工饲养狍,要引种都必须经过检疫,防止传染病的发生和传播。经过检疫后,健康合格的狍才能确定为引种对象。检疫工作需要由县级以上(包括县级)检疫部门来完成,并出具健康检疫证明。

(六)运 输

在引种过程中,为了避免狍在运输中的伤亡和逃逸事故,安全顺利地完成运输任务,现将几种运输方法及注意事项叙述如下。

1. 运输前的准备 在运输前,应准备好运输笼,一般1只狍用1只笼装运。同时,要准备好运输工具,远距离运输以空运为好,近距离可采用长途汽车运输,但要求昼夜兼程,不得中途停运。

运输前应准备充足的饮水,也可准备一些易消化的食物。

2. 运输方法

(1)短途车运 有良好驯化基础的狍群,当天能够到达的,应在晴朗天气的清晨开始进行,如果要运输的数量很少,距离又较近,则可随时用镇静剂"麻醉"好以后用车拉运,可不绑腿,但要护好头部。

(2)汽车运输 首先按车厢的长宽制作1个高1米左右牢固的运笼。车厢板以上的笼壁留4～5厘米宽的板缝;笼盖要绑上牢固的几根横杆及交叉杆;以车厢底为笼底,铺上帘子或草袋子等防滑物,不可光板或铺土。后厢板中间留60～80厘米宽的抽门,然后再用苫布垫上,用较粗麻绳封好,后面要留有通风和察看的空隙;备好维修车笼所需的工具和物品。车厢内装有狍运输小笼(长×宽×高为100厘米×40厘米×100厘米),每个狍运输小笼装1只狍。

装车。每台载重汽车可装狍30～40只,装车厢大笼门打开,将每个装1只狍运输小笼抬上汽车放入,当将全部装1只狍运输小笼放入用车厢长宽制作牢固的运笼后,锁好每个运输小笼的笼门和按车厢长宽制作牢固的运笼的笼门。

(3)火车运输 用火车进行长途运输,采取笼运的办法,虽然成本贵些,但装、卸车时却是较安全的,尤其是下火车后再长途汽车运输时这种方法更显出优越性,装运过程和运输管理与汽车运输基本相同。

3. 运输途中注意事项 ①不必给精饲料,给足够的青饲料,途中停车时保证饮水。②汽车在经过坡路、弯路、不平坦的路面时应缓行,押运人员应多次对运笼和狍进行周密的察看。③途中休息须将车停放在较僻静的场所,禁止外人观看哄吓惊扰。④运输时,要将运笼遮暗,以使狍保持安静。但要留出通风口,以防中暑。⑤途中要有专人负责,以保证安全运抵目的地。

二、驯化的意义

(一)驯化的作用

狍从野生到人类驯化饲养,要经历一个较长时期。在人工饲养条件下,狍要形成一些条件反射,如辨认出喂养它们的饲养员和料桶碰撞料槽的声音,饲养员呼唤,撒下饲料就来抢食。与此同时,圈养使狍生物学特性发生了很多变化,如由野生状态的自由采食改变为人工圈养条件下采食的定时、定量、定种类。原来惧怕、惊慌、自我保护的野性也大有减弱等。狍的驯化程度还比较低。尽管野生狍人工驯化饲养技术已经成功,但笔者认为,目前圈养狍仍然处于野生或半野生状态,狍长期生活在圈舍内,环境条件比较简单,接触人和物的机会少,听到的音响单一。每遇到奇声异物,就会惊恐万状,意欲逃跑,仍保留其野生的胆小及防御本能。

驯化是利用幼狍的多食性、好奇性、可塑性和家族式群居性的生物学特性,用固定的信号、口令与食物引诱相结合,通过在多种条件下的调教训练,使狍建立起稳定的条件反射,不断适应复杂的环境条件,减弱野性,克服遇到新奇事物时表现出惊恐万状,意欲逃跑的野性,向高度驯化的家畜方向发展,便于人工对其进行饲养管理和科学研究。

驯化良好的狍群便于饲养管理,个别驯化极佳、性格温和的狍,为深入科学研究提供很大的便利。同时,也应当注意,驯化程度越高的公狍,由于对人的恐惧感减小,在发情配种期对饲养人员攻击性就越大。

(二)驯化的意义

1. 减小狍的野性 通过在多种条件下的调教训练,使狍建立起稳定的条件反射,不断适应复杂的环境条件,减弱野性,克服遇到新奇事物时表现出惊恐万状,意欲逃跑的野性。驯化良好的狍群便于饲养管理,个别驯化极佳、性格温和的狍,为深入科学研究提供很大的便利。

2. 增强体质,减少疾病 狍经过驯化后,通过口令、信号可以使狍得到充分的运动,增加活动量,提高对各种自然条件的适应能力,促进生长发育,发病率也显著降低。

3. 提高母狍的繁殖性能 经驯化的母狍炸群和惊恐现象明显减少,所以流产、死亡、难产及弱胎率相应降低,且分娩母狍的母性明显,弃仔、弱胎、仔狍死亡也明显减少,母狍繁殖成活率大幅度提高。

4. 节省设备投资,便于生产管理 驯化良好的狍群,其逃逸现象大为减少,狍舍结构亦可相应简化,从而节约了很多投资费用。由于人狍关系的密切,使得收茸、助产、断奶分群和调拨狍等工作都易于进行。此外,对于妊娠狍分娩时的护理、初生仔狍耳号的标记、称重、健康检查、疾病治疗时的捕捉、保定等都容易进行,从而减少了因上述操作给生产上带来的损失。

5. 便于科学研究 狍驯化程度高给科研工作和狍的繁殖育种工作带来很多便利。例如,狍的采血、各种生理指标(体温、呼吸频率)的测定以及体尺、体重的测定结果与麻醉状态或强行保定状态的测定结果相比,其可靠性和准确性都是不言而喻的。

(三)驯化的步骤和方法

狍的驯化按阶段可分为个体驯化阶段和群体驯化阶段,按狍龄可分为幼年狍的驯化和成年狍的驯化。按活动范围可分为圈内驯化、场内驯化和场外驯化等。

1. 幼年狍的调教 仔狍生后 1～5 天,除定期吮吸乳汁外,大部分时间躺卧休息,生后 6～10 天,在早晚天气凉爽时常跟随母狍到运动场上活动。当发现有人进圈和听到声响时很惊恐,急忙躲避。

(1)**圈内驯化** 此阶段需要使仔狍形成两种稳定的条件反射,一是听到喂饲信号即采食,二是听到集群信号能集中。驯化哺乳仔狍分自然哺乳仔狍和人工哺乳仔狍。对自然哺乳仔狍进行驯化时,可从仔狍生后 15～20 天开始进行,此时饲养员要乘其采食或饮水时设法接近,引逗它,抚摸它,建立人狍亲和关系。借给仔狍补饲草料的机会吹哨、敲料桶或鸣锣,驯化仔狍听到呼唤声或声响作为集群、采食的信号。遇到躺卧不起或不听呼唤的仔狍,饲养员可入圈赶其进群采食。几天后仔狍的恐惧感逐渐消失,建立起听呼唤和哨声的条件反射,为正式驯化打下基础。人工哺乳的仔狍,可在喂奶和补饲时进行驯化,同时人工哺乳本身就是一个调教驯化过程。人工哺乳要做到三定,即定时、定量、定温(38℃～40℃),还必须符合防疫卫生要求。自仔狍习惯于人工哺乳起,就应结合哺乳过程进行人狍亲和与抚摸调教。每次喂奶前都要先吹口哨,并要伴随呼名喊号。经过几天调教之后,仔狍听到口哨声就能接近人,逐步养成不惧人、听人调动的良好习惯。这样调教出来的幼狍胆大、温驯,形成的条件反射稳固。

(2)**场内调教** 场内调教是使狍离开圈舍在场内继续接触与适应新环境的深入调教阶段。在此阶段,狍接触更多的事物,遇到并逐步适应各种新的复杂的环境条件。如人群、机械等复杂的声响及其他没见过及没听过的新东西。场内调教初期幼年狍可能出现一些惊慌不安、东张西望,甚至企图逃跑等现象。此时,饲养人员应及时吹口哨,给食物和呼唤骨干狍(那些胆大、温驯、听呼唤、反应灵敏的狍),并运用集群信号连续呼唤稳住狍群。利用骨干狍总想捡食,紧跟人走,胆大不惊的特点来积极影响和带动其他的狍。场内调教每次需 1 小时左右。当绝大部分狍见到新奇事物不惊慌炸群时便可转向场外驯化。

（3）场外调教　场外调教是狍群调教工作的继续深化阶段。当狍群中骨干狍调教好的比例占 1/3 以上时，即可将狍群引到狍场附近宽阔平坦的草地或开阔的小丘陵地带进一步驯化。此时，狍群规模不宜过大。首次场外调教要选择无风的晴朗天气，首先进行定点围牧驯化，然后缓慢移动狍群。饲养员应站在狍群中间有步骤地边吹口哨边投豆饼块或其他食物，同时以集群信号呼唤骨干狍围拢集中。在进行场外驯化时，应在狍群周围安排 5～10人，以便驱赶企图离群的个别狍，使全群狍都控制在一定的范围内。第一次场外调教的时间以 30 分钟左右为宜。以后每天进行场外驯化，时间由短渐长，距离由近到远逐步增加，经 2 个月左右可转入初步放牧驯化阶段。对于哺乳期未能调教好的幼年狍，应在断奶后幼年狍群中混入骨干狍，按上述方法经 3 个阶段驯化。

2. 成年狍的调教　长期圈养的成年狍，其调教难度比幼年狍要大些，但根据其食性、集群性、可塑性以及与饲养管理人员建立的比较熟悉的人狍亲和关系，其调教也能获得成功。调教成年狍的时间是在生产淡季进行。狍群分为公、母狍群。开始时狍群不宜很大。驯化方法是向成年狍群混入骨干狍，用来带动其他狍，其调教过程与幼狍的调教过程相似。

在成年狍的调教过程中，对于个别野性较强的狍，或因助产、治疗等刺激后胆怯怕人，不易驯化的狍，要进行个别驯化或小群驯化。驯化时可在已驯化好的温驯骨干狍群中隔日拨进 1～3 只未驯化的狍，在圈内进行短期合群，再经场内短期驯化，很快就能获得很好效果。

对成年野生狍，驯化难度较大，有些甚至在圈养达多年之久后，遇到野外环境仍有离群逃跑现象，对于这些狍可进行长期圈养。

第四章 狍的繁育技术

一、狍的繁殖生理

(一)狍的性成熟和体成熟

幼年狍生长发育到一定时期,无论公狍还是母狍都开始表现出性行为,同时出现各自的第二性征,如公狍开始生茸、母狍乳房开始发育。此时公狍、母狍都出现交配欲,且交配后能受胎繁殖。最重要的是生殖器官中可产生成熟的、具有受精能力的生殖细胞,即精子和卵子。这标志着狍已经进入性成熟期。一般来说,母狍和公狍性成熟在14±2个月龄。狍的性成熟期与自身的生理功能变化有关,同时与外界环境因素也有关系。如狍饲养管理、栖息条件等都能够影响狍的性成熟。如果饲养管理条件好,栖息条件适宜,且个体发育良好,则可使狍的性成熟期提前;相反,若环境条件对狍不利、其性成熟向后推迟。狍的性成熟和初情期情况见表 4-1。

表 4-1 狍的性成熟和初情期统计

月 龄	1~10	11	12	13	14	15	16
有发情表现雄狍% (n=10)	0	0	10	20	40	20	10
有发情表现雌狍% (n=12)	0	0	8.33	16.67	33.33	33.33	8.33

狍达到性成熟后,虽表现出一些性行为,但此时正是身体生长

发育十分旺盛的阶段,过早配种会妨碍身体各部分的发育。所以,性成熟的狍还没有完全达到最佳配种期。狍体成熟标志着身体的各个器官和系统已基本达到了生长发育的完成时期。狍体成熟时间大致在 12～16 个月龄。

(二)生殖器官季节性变化

从 5 月份开始,公狍睾丸开始逐渐发育,体积逐渐变大、质量逐渐增加;7 月初公狍睾丸开始进一步快速发育;8～9 月份公狍睾丸发育到全年的最佳状态,睾丸的体积和质量都达到最大的限度,睾丸结构松软而富有弹性,附睾肥大,阴囊明显下垂;10 月份以后公狍睾丸体积逐渐变小,弹性逐渐减弱到消失,附睾变成索状;12 月份至翌年 5 月份公狍睾丸处于全年的最小状态,变得坚硬无弹性。公狍睾丸季节性变化情况见表 4-2。

表 4-2　雄狍睾丸的季节性变化(n=10)

月　份	睾丸长径(厘米)	睾丸短径(厘米)
1	2.98±0.23	1.93±0.33
2	2.77±0.36	1.95±0.35
3	2.87±0.25	2.00±0.23
4	3.55±0.45	2.84±0.30
5	4.30±0.33	2.70±0.27
6	4.68±0.21	3.13±0.26
7	4.93±0.23	3.43±0.03
8	5.18±0.46	3.35±0.67
9	5.40±0.83	3.53±0.51
10	4.40±0.25	3.03±0.22
11	4.04±0.73	2.44±0.71
12	3.13±0.62	2.15±0.35

母貉的生殖器官,如卵巢、输卵管、子宫、阴道上皮等,随着季节的变化也发生相应的变化。

二、貉的发情规律

(一)貉发情的一般规律

对整个动物界而言,其繁殖类型大致分为季节性繁殖和非季节性繁殖。由于对貉饲养驯化刚开始,貉仍然保留一些野生习性,它的发情往往同一定的外界环境条件相吻合。一般情况下,貉属于典型的季节性发情繁殖动物,主要集中在每年秋季的8月中旬至9月中旬发情交配,个别个体配种延迟到10月初;分娩主要集中在翌年5月中下旬至6月中旬;个别双胞胎、难产和死胎在6月下旬分娩。大自然的季节因素对貉繁殖功能的影响很大。具体表现在光照时数和强度、温度及营养水平变化等方面,其中光照的影响最大。

(二)貉的发情周期

研究表明,貉属于典型的季节性发情繁殖动物,每年只有1个发情周期。根据母貉在发情过程中的生殖器官变化及外部表现,将发情周期分为4个阶段:发情前期、发情期、发情后期和休情期。

1. 发情前期 为发情的准备阶段,卵巢内黄体开始萎缩,有新的卵泡出现,子宫颈稍有开张,分泌液稍有增加,在此期间,貉的卵子尚未成熟和排出,无性欲表现,不接受公貉的爬跨交配。

2. 发情期 此期为发情周期的主要阶段,划分为发情初期、发情旺期和发情末期。

(1)发情初期 母貉多动不安,沿圈舍围栏或围墙徘徊走动,对公狍有好感但远离公狍,不与公狍亲近。食欲没有明显下降,有时甚至食欲增加。观察外生殖器变化时,阴唇充血、湿润,但黏液分泌量尚不多、较稀薄、牵缕性差、一般不宜配种。

(2)发情旺期　母狍急躁不安,频繁走动,食欲有时不振。不仅对公狍有好感,而且主动亲近公狍,愿意接受公狍的爬跨交配。母狍阴门肿胀,黏液分泌量增加,牵缕性增加,并不断摆尾和做排尿姿势。此期狍的发情表现不如梅花鹿明显。

(3)发情末期　母狍由急躁不安和频繁走动状态逐渐变为安静,不再亲近公狍,而是远离公狍。当公狍追逐时立即逃跑,有时发出恐惧的低鸣。阴道黏液分泌量减少而变得黏稠,牵缕性变差,大多数母狍在此阶段排卵。

3. 发情后期　此时母狍逐渐转为安静,恢复常态,发情已经结束。

4. 休情期　母狍发情结束后的相对生理静止期,生殖功能由兴奋状态转为平静状态,卵巢、子宫、阴道等器官都恢复正常。

一般来说,母狍的发情周期为 7 天左右。健康、壮龄、体况好的发情周期稍短,老龄、体况差的稍长。

母狍发情交配时机应该选择在出现发情表现的第三至第四天即发情旺期,当母狍对公狍表现好感、主动亲近公狍时,就是交配的最好时机。一般情况下,抓好这一时机都能使母、公狍顺利达成交配。

(三)狍的发情表现

狍的发情表现包括精神状态、行为表现、生殖道变化及卵巢变化 3 方面。在发情时期,狍表现为性情不安,食欲稍有变化,愿意接近异性,并有一些亲昵的表示。

在行为表现上,发情使公狍增加好奇心和警觉性,公狍凭嗅觉可以察觉发情母狍和群体中的新异者,对接近的发情母狍发出鸣叫，窥视仔狍以便发现其附近的母狍，以跺足、抬头、低头、舔舐鼻孔等动作表示挑战并发出鸣叫。这时的公狍只有发觉或意识到对自己有危险和威胁时才会跑掉。表现为争偶角斗，甚至顶人。食欲明显减少、身体消瘦，性情粗暴，长声吼叫、泪窝开张。母狍喜欢接近公狍，阴部充血肿胀，流出一些黏稠的液体，泪窝开张，分泌一种强烈难嗅的气味。母狍发情初期稍有兴奋，来回走动，有的鸣叫，对公狍直视引逗，但拒绝交配。发情盛期驻立不动，举尾弓腰，频尿，接受爬跨，同时有低声鸣叫。发情末期逃避公狍追逐，变得安静，喜卧，由阴门流出的黏液变得少而黏稠，并多粘连在阴毛上。母狍的发情表现见表4-3。

表 4-3 雌狍发情的各个阶段表现

发情阶段	发情初期	发情旺期	发情末期	发情后期
持续时间（天）	2～3	1～2	2～3	1～3
发情表现	多动不安，沿圈舍围栏或围墙徘徊走动，对雄狍有好感但远离雄狍，不与雄狍亲近。食欲没有明显下降，有时甚至食欲增加	急躁不安，频繁走动，食欲有时不振。不仅对雄狍有好感，而且主动亲近雄狍，愿意接受雄狍的爬跨交配	由急躁不安和频繁走动状态逐渐变为安静，不再亲近雄狍，而是远离雄狍。当雄狍追逐时立即逃跑，有时发出恐惧的低鸣	外生殖器逐渐恢复正常情况

三、狍的配种

（一）初配年龄

狍的性成熟要比体成熟为早，这就是说，狍到性成熟时期，机体还正处于生长发育阶段,过早参加配种,无论是对配种效果还是对子代的发育都不利。公狍一般在 14～16 月龄开始参加配种为宜,母狍初配年龄为 14 月龄。

(二)配种方法

1. 单公群母配种(固定圈舍－配到底)

(1)方法 根据母狍生产性能、年龄、体质和健康状况,将母狍分为若干个配种小群,然后每群放入 1 头优秀配种公狍,同时给予良好的饲养管理。一般在配种期间不替换种公狍。采用这种配种方法,母狍受胎率可达 90％以上。

(2)性别比例 在人工驯化饲养条件下,为保证母狍的受配率和种公狍的合理利用,对狍采用单公群母一配到底的同期复配方式。在配种期每个圈舍种母狍 4～6 只(一般放 4 只),优秀种公狍 1 只。基本保证母狍的发情盛期接受 2～3 次交配,公狍又不会因过度交配影响配种能力。这种配种方式可以保证发情正常的母狍受配率 100％。

(3)确定性别比例的依据 狍的发情期比较集中,发情高峰日母狍群体的发情率(23％±7％)高于梅花鹿和马鹿(梅花鹿为 13％±2％,马鹿为 17％±3％)。理论分析狍的发情配种期性别比例为公狍：母狍＝1：4～6,在实际应用中,为确保母狍的受配率,选择的性别比例为公狍：母狍＝1：4。

2. 单公群母配种(公狍固定小圈) 可采用另一种形式的单公群母配种法。即将 1 头优秀公狍单独养在配种小圈内,待母狍发情,经过鉴定可以交配时,将这只母狍拨到公狍的配种小圈内,使其交配;当交配结束后再将母狍重新拨回原来的母狍圈。这种单公群母配种法充分发挥优良种公狍的作用,大大提高了种公狍的利用效率。此法由于是每圈 1 头种公狍,可避免公狍间的争偶角斗,从而避免角斗造成不应有的损伤。这种方法的不足之处就是配种公狍的体力消耗太大。考虑母狍的发情期比较集中，发情高峰日母狍群体的发情率比较高，必须控制每头种公狍每天交配次数不超过3次，同时加强对种公狍的合理使用和饲养管理，以保持其旺盛的精力。

3. 群公群母配种　狍群公群母配种方法比较原始，一般在现场不采用。其方法是将多只公狍和多只母狍按照一定性别比例在发情配种期混合饲养在同一个圈舍中。每年8～9月份狍进入发情配种期，此期公狍时常发出求偶鸣叫，性情粗暴，食欲下降，追逐母狍，嗅舔母狍的外生殖器。此期多只公狍饲养在同一圈舍，则发生争偶角斗现象。争偶角斗的目的是称王和获得对母狍的交配权。此期的公狍不仅攻击同性个体（对当年出生未达到性成熟的育成公狍，则不予攻击），也攻击饲养人员和其他进入圈舍的人员。在野生条件下，狍属于家族式群体生活。群体中的称王公狍——王子狍拥有对群体中的全部母狍的交配权，在一个群体中只允许未达到性成熟的公狍存在，公狍达到性成熟后，都将被王子狍驱逐出群体。这些性成熟后被王子狍驱逐出家族的公狍，只能重新寻找自己的领地和新的母狍，组成新的家族；或通过武力角斗，打败其他群体的王子狍，霸占其家族，以此获得对母狍的交配权。公狍争偶角斗的主要方式是用完全骨化的角顶撞对方，攻击最多的部位是对方的额部、颈部和两侧肋部。野生条件下，公狍争偶角斗可以保证每个时期都是最优秀的公狍具有交配权，有利于种群的发展。在人工饲养条件下，在发情配种期每个母狍圈舍中种公狍不能多于2只，当群体中成年公狍超过2只以上时，成年公狍之间因争偶而发生激烈的角斗，母狍也会因公狍之间激烈的角斗而恐惧，不愿意接受任何公狍的交配，容易出现母狍的空怀现象。

（三）发情鉴定

发情鉴定是狍繁殖工作中的一项重要技术环节。通过发情鉴定可判断母狍是否发情,发情正常与否,处于哪个发情阶段,以确定适时配种时机。狍的发情鉴定方法目前最常用的是外生殖器官观察法。采用此种方法应注意从发情期开始就每日定时多次细致观察,尤其早、晚切不可放过,以了解变化的全过程。依照观察结果与前面所述的狍的发情规律中的有关内容相对比,即可准确判定。另外,可采用试情法,即用带试情布兜公狍试情,在试情布兜上涂抹油脂鲜艳的染料,当母狍发情并接受公狍的爬跨,公狍试情布兜上涂抹的染料就会印染在发情母狍的臀部被毛上,根据母狍臀部被毛染色情况来判定其发情与否和发情周期所处阶段。进而可以深入研究狍的发情规律。

(四)使用年限

狍在人工饲养条件下,使用年限为 10～12 岁,母狍比公狍使用寿命长一些。一般使用到 8 岁为宜,而公狍一般只利用到 6～7 岁。参加配种繁殖的公、母狍以 3～7 岁青壮年最合适。

四、狍的妊娠和分娩

(一)妊 娠

1. 妊娠和妊娠期 公狍和母狍交配后,精卵发生结合,形成一个新的细胞,即受精卵(也称合子),其过程称为受精。受精卵在母体子宫内经过一系列变化,逐步发育为胎儿的复杂生理过程称为妊娠。完成这一发育过程所需要的时间间隔,即由受精卵开始发育到胎儿,再由母体产出的一段时间间隔称为妊娠期。母狍的妊娠期因个体发育的差异、胎儿性别及饲养管理因素的不同而有所差异。一般老年母狍的妊娠期要比青壮年母狍的长,圈养的狍比野生的狍妊娠期长。怀双胎仔的母狍妊娠期比怀单仔母狍的长。通常来说,狍的妊娠期平均为 275±16 天。

2. 狍妊娠生理　研究结果表明,狍为季节性 1 次发情动物(Short 和 Hay,1966;Flint 等,1994;Sempéré 等,1998),它是鹿科动物中惟一在妊娠期具有胚泡滞育期的动物(Short 和 Hay,1966;Aitken 等,1973)。狍的妊娠期可分为卵裂期、胚泡滞育期和胚胎期 3 个阶段。

(1)卵裂期　母狍卵巢排卵后,卵细胞进入输卵管与精子结合完成受精作用,经过 24 小时,受精卵开始发育分裂进入子宫,当分裂的卵泡达 20～30 个细胞阶段时便进入接近 5 个月的子宫内胚泡滞育期。

(2)胚泡滞育期　母狍的胚泡脱落透明带,在分裂为20～30个细胞阶段时进入滞育期(Short 和 Hay,1966;Aitken,1974;Lange 等,1998)。胚泡在滞育期最后六周经历低水平的有丝分裂(Lengwinat 和 Meyer 1996),在翌年 1 月上旬分裂为 100 个细胞阶段恢复活动(Renfree,1982;Lange 等,1998),而后变长,最后胚胎形成绒毛滋养层与子宫内壁的每个肉阜皱褶结合(Aitken 等,1973),其他种类哺乳动物也经历胚泡滞育期,如水貂(Polejaeva 等,1997)、斑鼬(Kaplan 等,1991)在胚泡滞育期里孕酮、雌二醇的浓度暂时性变化的显示其直接作用,催乳激素浓度暂时性变化直接作用是胚泡从滞育到恢复活动。而狍从胚泡滞育到恢复活动的雌激素作用还没有建立(Short 和 Hay,1966;Aitken 等,1973;Aitken,1974,1979)。各种因素,包括环境因素、雌激素的变化或通过核内有丝分裂和孕体的分泌生化信号,与狍从胚泡滞育到恢复活动都是密切相关的。换言之,狍的胚泡特定的发育阶段(胚泡滞育到胚泡着床)恢复活动可以通过生物技术手段进行控制。

在自然条件下,狍的胚泡从胚泡滞育到恢复活动与冬季的至日(冬至)是一致的。母狍饲养在恒定的短日照环境条件的结果表明,可繁育母狍发情配种到分娩产仔,仍然经过 10 个月的妊娠期

(Sempéré 等,1993,1998)。此研究结果表明,短日照环境条件下母狍胚泡滞育期仍然存在,它说明母狍胚泡滞育期是体内生物节律的结果。

无论母狍是否妊娠,在历经 5 个月的胚泡滞育期过程中,黄体始终保持活性。未妊娠母狍黄体与妊娠母狍黄体是一致的(Short 和 Hay,1966;Hoffman 等,1978;Aitken,1979)。血浆中孕酮浓度在胚泡滞育过程和胚胎恢复活动是恒定的。胚胎着床后血浆中孕酮浓度迅速升高(Sempéré 等,1977;Hoffman 等,1978)。但胚泡滋养层变长前,血浆中全部雌激素浓度不升高。是否这些激素的变化是胚胎恢复活动的反映,这方面的研究目前还没有足够的试验说明。采用冲洗狍子宫,测定 73.5k 道尔顿子宫内蛋白,结果表明这种蛋白在胚胎恢复活动、着床后比胚泡滞育期显著增多,进而认为这种蛋白可能参与胚胎恢复活动(Aitken,1974)。

狍作为季节性 1 次发情动物,不用获得 1 个胚胎信号来克服黄体溶解。事实上,狍的孕体分泌没有达到可测定量的干扰素-τ (Flint 等,1994)和雌二醇(Gadsby 等,1980)。换言之,可供选择的胚胎信号可以参与滞育胚泡的恢复活动。

总而言之,狍胚泡滞育期接近 5 个月,此时的卵泡在子宫内不着床,呈游离状态。排卵后的卵巢形成黄体,黄体释放黄体酮,确保卵泡的妊娠环境和提供必要的营养物质。狍具有与其他鹿科动物不同的繁殖生理特性(其他鹿科动物排出的卵细胞如果没受精,黄体很快就消失,黄体可以作为动物妊娠的标志),即使排出的卵细胞没有受精,黄体仍可保留 5 个月的生理活性,黄体这个时期的生理活性与胚泡滞育期基本一致。在哺乳动物中,目前发现狍和犰狳是具有这一繁殖生理特性的 2 种动物。因为母狍在胚泡滞育期,卵巢的黄体可以释放大量的黄体酮,导致不能准确显示母狍自身是否真正妊娠。此时母狍也不知自身是否妊娠,因为胚泡无法为母体传递表明它存在的信号,此期保持的黄体生理活性不能说明母狍已经妊娠。翌年1月份游离的胚泡在子宫壁着床，母狍才感觉到真正妊娠，如果此期胚泡没有着床，黄体快速消失，胚泡着床后真正妊娠的母狍黄体继续保持生理活性直到分娩。

（3）胚胎期 狍的胚泡滞育期结束，狍的胎盘的形成和伴随胎儿的生长发育的过程与梅花鹿的妊娠过程基本相似，胚胎的生长发育也很迅速。母狍从发情配种，经历胚泡滞育期，一直到分娩产仔，大约持续妊娠接近 10 个月的时间间隔（Short 和 Hay，1966；Aitken，1974）。

狍的胚胎在滞育期结束，在胚泡着床之前，胚泡迅速生长发育、膨胀、变长。雌二醇的浓度保持低水平，胚泡滞育期为 1.07 ± 0.4 皮克/毫升、胚泡膨胀期为 1.2 ± 0.4 皮克/毫升，但是胚泡滋养层变长期雌二醇的浓度则升高 30 倍，为 49.17 ± 0.37 皮克/毫升。催乳激素保持基本的浓度，为 12.34 ± 2.71 皮克/毫升。在胚泡滞育全过程中，血浆孕酮和黄体孕酮的释放保持恒定。胚泡恢复活动血浆孕酮浓度为 3.82 ± 1.97 纳克/毫升；黄体孕酮为 6.72 ± 0.81 纳克/毫克蛋白质，结合放射元素示踪技术，胚泡膨胀期比滞育期分泌蛋白升高 4 倍，而相对应的子宫内膜分泌则是恒定的。胚泡滋养层变长期，相对应的子宫内膜分泌蛋白升高 2 倍，胚泡分泌蛋白升高 32 倍。通过二维电泳和荧光照相技术研究表明，胚泡着床之前子宫内膜分泌蛋白图谱是恒定的，胚泡着床之后子宫内膜分泌蛋白定性变化是明显的。

用试验方法扰乱胚泡发育与子宫功能二者关系——紊乱胚胎移植试验（Broich 等，1998）表明，冷冻保存 6 周前的胚泡，于 11 月份将该胚泡移植到成熟母狍体内，结果是缩短 6 周的胚胎滞育期，单个仔狍在 5 月下旬正常时间出生。这个试验结果提供一个假设——雌性信号控制胚泡恢复活动。研究证明（Lengwinat 和 Meyer，1996），胚泡有丝分裂仅仅发生在胚胎滞育的后期，所以再引入的胚泡在相同发育阶段和在母狍子宫同步发育是可能的。

关于为什么狍胚泡恢复活动与其他品种具有胚胎滞育期动物相比,明显缺乏雌性激素的因素仍然是遗留的问题。尽管狍胚泡恢复活动阶段数据资料有限,在提高子宫内膜分泌活动之前,提高胚泡在此阶段的分泌活动,该过程显示胚泡分泌开始活动。当胚泡着床后,在血清中发现妊娠-相关甘油蛋白和支配胚泡分泌蛋白与妊娠-相关甘油蛋白(Xie 等,1994;Robert 等,1996)在大小、等电点是相似的,分泌的胚泡蛋白是狍特定的妊娠-相关甘油蛋白是可能的。尽管妊娠-相关甘油蛋白的作用仍然不清楚(Robert 等,1996)。通过胚泡提高蛋白分泌,能够提供来自子宫内膜母性反应的攻击扳机,这些初步发现需要进一步进行大量样本调查孕体分泌蛋白中妊娠-相关甘油蛋白的出现的证实。然而根据现在数据资料,尽管目前不知道雌性生理的扳机不能被阻止胚泡遗传的程序,在给予发育阶段、年龄重新发育似乎是可能的。母狍妊娠期血清性激素变化见表 4-4。

表 4-4　妊娠母狍性激素浓度　(Lambert,2002)

激　素	胚胎发育阶段			
	胚泡滞育	胚泡膨胀	滋养层变长	胚胎着床
血清/血浆孕酮(纳克/毫升)	4.03±1.09	3.15±0.68	2.46±0.96	3.67±1.6
黄体酮(纳克/毫克蛋白)	7.03±0.8	6.9±0.8	7.09±0.12	6.47±0.94
血清/血浆雌二醇(皮克/毫升)	1.07±0.4	1.2±0.84	49.17±0.37	12.8±13.7
血清/血浆催乳激素(纳克/毫升)	4.66±0.72	5.47±1.26	3.91	12.34±2.87

3. 母狍妊娠后期行为表现　母狍妊娠后期外观行为表现发生变化,性情变得温驯,行动谨慎,沉静安稳。在妊娠期间,母狍发情停止,新陈代谢变得旺盛,食欲提高,消化能力增强,体重增加。多数妊娠母狍在翌年 3～4 月份,当空腹时,除个别太肥胖者外,可观察到左侧肷窝不凹陷或凹陷不明显,多数为妊娠母狍,妊娠后期

母狍的运动量大大减少，活动时谨慎小心，行动迟缓，时常回头顾腹，易疲劳，有时躺卧。临近产仔前乳房体积迅速变大，排尿及粪便频繁，有时自阴门流出黏液，并时常在圈内巡行。

(二)分　娩

在正常条件下，狍每年产1胎，每胎产2仔居多，有时每胎也可以产3仔。当每胎中的仔狍发育比较均匀一致时，这些仔狍都容易成活。如果每胎中的仔狍发育不一致，差异较大，弱小的仔狍容易死亡，特别是弱小的仔狍为雄性时，更容易死亡。

在养狍生产实践中，可根据母狍的生理和体态上的变化、行为表现大致可判定母狍妊娠情况。在畜牧业中，家畜的妊娠诊断技术已经趋于成熟。但狍的妊娠诊断技术也将随狍驯化程度不断提高而逐步得到应用。例如，在家畜妊娠诊断中普遍使用的直肠检查法、阴道检查法、免疫学诊断法、超声波诊断法等都可以随着狍人工驯化程度不断提高，在以后生产中逐步得到应用。

1. 分娩生理　胎儿在母狍子宫内发育成熟后，从母体内排至体外的一系列生理变化过程称为分娩。这主要是由于妊娠母狍在胎儿迅速生长发育期间，子宫不断膨大，促使子宫肌对雌激素和缩宫素的敏感性增强。同时，胎儿对母体的异物作用以及对子宫壁的机械压力作用，破坏子宫内部的稳定性。而缩宫素、加压素在来自内部和外部的若干神经感受器的刺激下，通过下丘脑作用于垂体后叶，使不断分泌和释放，再通过血液循环作用于子宫肌，引起节律性收缩。当这种内部和外部的刺激达到一定刺激阈值时，母体子宫内就会发生一系列生理变化。如胎儿胎盘和母体胎盘间的联系遭破坏，使母体对胎儿的排异性更加增强，以至造成一种免疫学排斥反应。最后，通过一系列生殖激素和神经调节的复杂作用将胎儿排出体外。

2. 分娩季节　狍的正常产仔日期主要集中在5月中下旬至6

月中旬,个别双胞胎、难产和死胎在 6 月下旬。通常情况下,至少有 80% 以上的妊娠母狍在这一段时期分娩产仔。野生条件下,狍在这一时期产仔的有利条件是,气候适宜,青绿多汁饲料丰富,光照时数长,有利于促进仔狍的早期迅速发育和提高成活率。若产仔期向后延迟,正值盛夏多雨炎热季节,仔狍对外界不利环境的抵抗力较弱,一旦饲养管理条件跟不上,严重影响其生长发育,使仔狍体质不健壮,甚至不能安全越冬。因此,母狍产仔以提早或集中为有利。

3. 预产期的推算 狍的产仔期可根据配种日期和妊娠天数计算。只要配种日期记录准确,即可推算出狍的预产期。据统计,狍的妊娠期为 275±16 天。因此,狍的预产期可按"月-2,日+5"的公式推算。当然只有很小一部分母狍恰好在预产期分娩,确定妊娠母狍预产期的意义在于对妊娠后期的母狍及时做好分娩前的一切准备工作。

4. 母狍分娩前的行为表现 母狍在妊娠后期及分娩前,其生理和内分泌功能及行为表现都发生了很大变化。了解和掌握这些变化的一般规律,对于掌握狍的分娩过程,确定临产时间都具有非常重要的意义。

(1)乳房膨大 一般临产前 2 周左右,母狍乳房开始膨胀,乳头变大,腺体增生,妊娠母狍在临产前 3~5 天可以从乳房中挤出淡黄色黏稠液体,在分娩前 1~2 天能挤出乳白色的初乳。一般来说,狍乳房膨大期为 15~27 天,其中个别者可长达 40 天之久。

(2)外阴部肿胀 母狍在妊娠后期,阴唇逐渐肿胀,柔软、湿润,皱褶平展,尿频或常做排尿姿势。子宫颈口栓塞溶化。在分娩前 1~2 天通常从阴门流出呈透明的索状物,并黏附于阴门外。

(3)骨盆韧带松弛 妊娠末期,由于骨盆腔内血流量增多,静脉充血,毛细血管壁扩张,血液的液体部分浸出管壁,浸润周围组织,使骨盆部韧带软化,臀部塌陷,同时在激素(松弛素)的作用下,使骨盆联合发生局限性分离。在分娩前1天尾根两侧逐渐下陷,称为塌胯。但膘情好的狍塌胯不大明显,这使骨盆腔在分娩时稍有增大。

(4)母狍临产前表现 起卧不安、嗅地、摆尾、伸颈、回头顾腹等腹痛症状。临产前1~2天少食或不食,在狍舍内踱来踱去。个别母狍此时会边踱边呻吟。频频舔臀部、背部和乳头,尿频。一旦出现分娩预兆,应及时将母狍拨入产仔圈,以便顺利分娩。

(5)母狍喜欢在僻静且隐蔽的地方产仔 根据观察,母狍喜欢在僻静且隐蔽的地方产仔,仔狍刚生下时软弱无力,大部分时间躺卧。母狍表现出很强的母性,总是守护在仔狍附近,并且用自己舌头舔舐黏附在仔狍身上的黏液和血迹。这时应注意防止个别初产狍在产下羊水时惊恐万状,被毛逆立,泪窝开张、瞪眼企图抛弃仔狍。

5. 正常产位和产程 母狍正常产仔,分为头位分娩(称为正生),即胎儿的两前肢先进入产道,露于阴门口之外,头伏于两前肢的腕关节之上娩出;以尾位先娩出的为倒生,也属于正常产。母狍开始分娩至分娩结束所经历的这段时间间隔称为产程。经产狍正常产程为0.5~2小时,初产母狍也有时为3~4小时。遇到难产母狍要及时助产,如见到产仔母狍扒仔、咬仔、弃仔、舔肛时,要及时将其拨出,隔离饲养。如有被遗弃仔狍和弱小仔狍时,要找分娩日期相近的保姆狍进行代养或进行人工哺乳。

(三)保胎措施

母狍妊娠后,由于生理和行为都发生了很大变化,要做好保胎工作,以保证胎儿的正常发育和安全分娩,防止流产。一般情况下,造成母狍流产的生理因素主要有3方面:妊娠期胎儿中途死亡;子宫突然发生异常收缩;母狍体内生殖激素分泌发生紊乱,从而失去保胎的控制能力等。这3方面的因素,是进行保胎工作的关键环节。

防止流产的具体注意事项如下。

1. 保证母体子宫内环境的稳定性　要保证胎儿在母体内的正常生长发育,必须为其创造一个安稳的生活环境。特别是胚泡着床前的一段时间和妊娠后期尤为重要。在胚泡着床前,妊娠母貉要尽量减少过量的运动,尽量避免突然的惊吓刺激,否则胎儿很容易在此阶段流产。另外,在妊娠后期,由于胎儿增大,母体只要稍受刺激,胎动现象就十分明显。同时,子宫肌在妊娠后期的敏感性增强,过分运动或刺激都会破坏子宫内环境的稳定性,也就不能保证胎儿的正常生长发育,在生产实践中要特别注意。

2. 减少不良刺激因素　母貉在妊娠期间,竭力维护胎儿在子宫内的稳定性,以保证胎儿正常发育。此时任何不良因素的刺激对其生长发育都是不利的。在日常管理中,应采取措施尽量避免妊娠母貉相互拥挤,防止造成机械性流产。运动场所要适当加大,对妊娠母貉不要随便调圈和突然改变饲料,妊娠母貉最好与空怀母貉分圈饲养。在饲料上,坚持做到不喂霜冻、霉烂的饲草及酸度过高的青贮饲料;不饮污水、冰水;治疗其他疾病时,应避免使用对保胎不利的刺激性药物。

3. 保证母体及胎儿的营养需要　保证胎儿的正常生长发育,营养的供给也是一个基本条件。特别是蛋白质、维生素和矿物质饲料的供给更为重要。在母貉妊娠期间,应根据母体和胎儿各阶段的营养需求特点,合理供给各种营养成分(详见第四章)。

4. 安全过冬　妊娠母貉要经历整个冬季,这一阶段时间在我国北方地区天气寒冷,青饲料缺乏。为使母貉及其胎儿正常越冬,一是要保温,即一般要为妊娠母貉选择一个背风向阳的圈舍,堵严圈舍后墙上的窗户,及时清除圈舍内和运动场的积雪,并坚持勤换垫草。二是要坚持饮温水,增加一些胡萝卜、甘蓝、甜菜和优质青贮等饲料。适当加强运动和热能饲料的供给,保证母貉安全越冬和胎儿正常发育,这也是养狍生产中防止流产的一个重要措施。

5. 搞好卫生检疫　搞好卫生检疫其目的是防止疾病发生。搞好消毒卫生是养狍场的一项日常工作。在对妊娠母狍的饲养上更为重要。对于胚泡滞育期结束、胚泡着床母狍要进行 1 次普检,一方面可将妊娠的和空怀的、体强的和体弱的母狍及时分群管理;另一方面,检查母狍是否发生疾病,如有病症应及早治疗。同时,要坚持狍场的卫生检疫制度,定期检查狍群是否有传染病和可能导致流产的各种疾病。如果有流产的趋势,必要时可服用保胎中草药或注射保胎药物(防疫和消毒详见第十章)。

(四)防止母狍死胎和流产

1. 造成流产、死胎的原因

(1)卵子质量、受精时机不佳　卵子老化,虽勉强受精,但胚胎不能正常发育,导致死亡、吸收。

(2)孕期母狍饲料营养不全价　饲料营养不全价,缺乏蛋白质、矿物质、维生素,特别是钙、磷和维生素 A、维生素 D 等,以至引起胚胎死亡。有时用发霉变质有毒饲料喂狍,引起中毒性流产。

(3)高度近亲繁殖　狍没有建立完整的系谱,配种期出现近亲繁殖现象,这样不仅发生死胎,还会出现各种畸形胎儿。

2. 防止死胎、流产的措施　防止死胎、流产的具体防治措施应从以下几方面着手。

(1)合理地饲养　保持母狍中上等膘情,保证胎儿生长发育和母狍自身需要的一切营养物质。防止用发霉、变质、冰凉、硬度大的饲料饲喂妊娠母狍。

(2)平时应对妊娠母狍加强管理　防止拥挤、滑倒、引起惊慌而相互碰撞。

(3)避免近亲繁殖　尽量避免近亲繁殖。

(五)难产原因及预防措施

1. 难产的原因 难产的原因主要有母体和胎儿两方面,现分别介绍如下。

(1)产道性难产 母狍子宫及子宫颈狭窄、子宫捻转、阴道及阴门狭窄、骨盆狭窄、产道肿瘤等原因都可能导致难产。

(2)产力性难产 产力性难产多见于老龄、瘦弱母狍,其难产原因多为阵缩及努责无力。

(3)胎儿性难产 难产的原因是胎儿大小、姿势与母体骨盆大小不相适应。如胎儿过大,双胎难产等;胎儿姿势不正,如正生时,头部或前肢姿势不正;倒生时,后肢姿势不正;胎儿位置不正,胎儿方向不正(如横向、竖向等)。

2. 难产的预防措施

(1)抓好育成母狍的初配年龄 母狍刚进入初情期或性成熟后如果立即参加配种,容易造成产道和骨盆狭窄,或者造成产力不足,引起难产。若母狍初配年龄过大,由于骨盆韧带联合较牢固,加之缩宫素和加压素分泌量不足,分娩时开张困难,也会造成产道性难产。抓好育成母狍的初配年龄,是预防母狍难产的关键性措施。

(2)保证母狍的正常产力 妊娠期间,由于母狍营养缺乏、疾病、运动量不足、近亲交配等原因,都会影响母狍的体质,进而造成妊娠母狍产力不足,容易出现产力性难产。因此,合理调整妊娠期的营养水平,加强妊娠母狍的运动和防止疾病发生,尽量减少或杜绝近亲繁殖,才能保证母狍的正常分娩。

(3)保证胎儿生长发育条件的稳定性 稳定和适宜的生活环境,是保证母狍正常妊娠和胎儿正常生长发育的前提。在日常的饲养管理中应保持适当的密度,合理采食,要防止剧烈运动和突然惊吓,不喂给冰冻、发霉、酸度过高或有毒等带有刺激性的食物,这些措施都可避免胎儿性难产。加强各方面的饲养管理,就会大大减少难产现象发生。

3. 难产的判断　在实际工作中,发现临产母狍具有下列5种情况中的一种即可诊断为难产:①破羊水后母狍频频努责,经3～4小时不见胎儿任何部位。这种情况多见于胎儿过大或畸形,横位和母狍产道狭窄。②只有胎儿鼻端、头,或头与1个前肢露出,虽经母狍频频努责,但产程仍不见进展。这种情况多见于双侧或单侧前肢腕关节屈曲。③两侧前肢腕关节已娩出,但迟迟不见胎儿头;两前肢一长一短,或只见一前肢。这种情况多为头颈姿势异常与腕前置。④两后肢飞节外露,或只见一后肢。这种情况多见于胎儿臀部前置或跗关节屈曲。⑤母狍阴道流出污秽的黄褐色或淡红色黏液,同时伴有精神沉郁等全身症状,不见胎儿产出。这种情况预示胎儿可能已死亡或已腐败。

确切的诊断工作需要将母狍保定后,进行产道触摸检查。主要是检查产道及胎儿情况。如子宫颈开张程度、骨盆是否狭窄、子宫是否扭转、胎膜是否破裂、胎儿死活和进入产道深度,以及胎儿方向、位置和姿势等。

狍在进行分娩时,一般从分娩预兆开始算起,超过3～4小时仍不能产出者即视为难产。出现难产应立即请技术人员进行助产。

4. 助产前的准备工作

(1)用品准备　助产绳和助产套、毛巾、纱布、液状石蜡、肥皂、0.1%洗必泰溶液、2%～5%碘酊、缩宫素、强心剂及抗生素,常规静脉输液抢救药品等。

(2)助产套　可以自制,用两根白寸带缝在一起。该套长1米左右,中间缝有3～4个小指套,指间距3～4厘米。

助产套的使用方法,先将手的拇指、食指、中指或无名指引入指套,戴好助产套的手臂涂润滑剂。手呈锥形伸入产道,沿胎儿鼻端和额部伸至耳后。张开手指退下指套,钩起胎儿耳,使助产套套住耳后项部,然后将套结处滑入上下颌之间,使整个助产套的绳套环绕过耳根后方,由耳下经两侧颊部向前,从上、下颌间置于口内,拉助产套游离端,使胎儿头颈向产道伸直,以减少产出阻力,胎儿较易进入骨盆腔。然后一手拉胎头,一手拉前肢,拉出胎儿。

(3)足够的温消毒水　助产中需准备足够的温消毒水,以备随时清洗污染的器械及助产者的手臂。

5. 助产　助产时必须以保证母狍的繁殖力不受损害为原则,保护母狍为主,保护胎儿为辅,两者共存最为理想。若骨盆开张不全造成难产时,确诊后立即采取碎胎手术,以保护母狍。如胎儿正常,也可实施剖宫产手术。在生产中,母狍难产种类很多也比较复杂,所以救助时应根据具体情况采取最有效的方法,保证母子安全,使助产获得成功。

助产手术包括用于胎儿的手术,如牵引术(拉出术)、矫正术、截胎术;用于母体的手术,如剖宫产手术等,前3者对母狍属非损伤性助产术;而后者,对母狍属损伤性助产术,在实际操作中,应尽量避免损伤性助产术。

(1)牵引术　牵引术除用于过大胎儿拉出外,也可用在母狍阵缩和努责微弱、产道轻度狭窄以及胎儿位置和姿势轻度异常时。

正生时,在两前肢球关节之上拴绳,由术者左手或助手执拴腿绳的游离端拉腿。术者右手握住胎儿头部,并用力配合左手牵引绳共同拉头部。拉腿的方法是先拉一条腿,再拉另一条腿,交换轮流进行;或将两腿拉成斜向之后,再同时拉,以缩小胎儿肩宽,使其容易通过盆腔。胎头通过阴门时,可由另一人用双手保护好母狍阴唇,以防撕裂。术者用手将阴唇从胎头前面向后推,以帮助其通过。

为帮助拉头,在活胎儿可用产科绳套套在两耳根后拉头。较安全而又牢靠的绳套拉头法,是先将绳套置于两耳根后,然后将绳套环逐渐移至口中,这样牵引胎头,不会滑脱。

对于死胎,除用上述方法拉头外,还可采用其他器械。通常用中小动物产科钩,钩住胎儿的某些部位,向外配合牵引。可以选用下钩的部位很多,如下颌骨体、眼眶或将钩子伸入口内,将钩尖向上转,钩住鼻孔或硬腭。当拉出胎儿显露臀部后,马上停住,让后腿顺势自然滑出,以免猛烈外拉而造成子宫脱出。

倒生时,可在两后肢飞关节之上套绳,轮流交替先拉一条腿,再拉另一条腿,使两髋结节稍斜地通过骨盆。如果胎儿臀部通过母体骨盆入口受到侧壁的阻碍,可扭转胎儿的后腿,使其臀部成为侧位,便于通过。

实施牵引术的注意事项:①牵拉前,要尽量矫正胎儿的方向、位置和姿势。拉出时,用力不可太猛、太快,防止拉伤胎儿或损伤母体产道及带出子宫。但也不可太慢,尤其当脐带通过硬产道时,更要稍快一些,否则压迫脐带时间过久,将有胎儿窒息死亡的危险。②产道内须灌入足量润滑剂。③拉出时应与母貉努责相配合。④要沿着骨盆轴的方向外拉。

(2)矫正术 胎儿由于姿势、位置及方向异常无法产出,必须先加以矫正。

矫正姿势:目的是将头颈四肢异常的屈曲姿势恢复为正常的直伸姿势。方法是采用推和拉两个方向相反的动作,它们或者是同时进行的,或者是先推后拉。推,就是向前推动胎儿某一部分。矫正术在子宫内进行。将胎儿向子宫内推动一段距离,在骨盆入口前腾出一定空间,就给矫正创造条件。姿势异常不太严重的,在用手推的过程中即可得到矫正。严重异常时,则要用产科梃及推拉梃加以帮助。拉,主要是把姿势异常的头和四肢拉成正常状态。除用手拉以外,还常用产科绳、产科钩。为同时进行推和拉,可在术者右手向前推的同时,由左手或助手执绳游离端向外牵拉绳或钩,推、拉密切结合,异常姿势就会得到矫正。

矫正位置:狍胎儿的正常位置是上位,俯卧在子宫内,头、胸及臀部横切面的形状符合骨盆腔横切面的形状,能顺利通过。胎位异常包括侧位及下位。侧位是胎儿侧卧在子宫内,头及胸部的高度比母狍盆腔的横径大,不易通过。下位是胎儿背部向下,仰卧在子宫内,以至两种横切面的形状正好相反,也不易通过。

矫正方法是将侧位或下位的胎儿向上翻转或扭转,使其成为上位。为能够顺利翻转,必须尽可能在羊水尚未流失,子宫没有紧裹住胎儿以前进行。矫正时应当使母狍前低后高,胎儿能向前移,不致挤在骨盆入口处,以便留有足够的空间进行翻转。

矫正方向:狍胎儿正常时胎向也同其他家畜一样都是纵向。胎头向着产道的纵胎向为正,头和(或)前腿先行进入或靠近盆腔。臀部向着产道,后肢或臀尾先进入或靠近盆腔的纵胎向为倒生。正生、倒生均属正常胎向。胎向异常有 2 种,即横向和竖向:胎儿横卧于子宫内为横向;胎儿纵轴向上而与母体纵轴大体垂直为竖向。横向,一般都是胎儿的一端距离骨盆入口近些,另一端距入口远些。矫正时向前推远端,向后(入口处)拉近端,即将胎儿绕其身体横轴旋转约 90°。但胎儿的两端与骨盆入口的距离大致相等,则应尽量向前推前躯,向入口拉后躯,使矫正和拉出比较容易。竖向,包括头、前腿及后腿朝前的腹部前置竖向和臀部靠近骨盆入口的背部前置竖向。前者,矫正时应尽可能把后蹄推进子宫(必要时可将母狍半仰卧保定,后躯垫高)或者在胎儿不大时把后腿拉直,使之伸于自身腹下,以消除腿折叠造成的骨盆入口处阻塞,便于拉出。后者,则应围绕胎儿做横轴转动,将其臀部拉向骨盆入口,变为坐生,然后再矫正后腿而拉出。

施行矫正术应注意的事项:①必须在子宫内进行,最好在子宫松弛时操作。为抑制母狍努责,并使子宫肌松弛,以免紧裹胎儿而妨碍操作,可行硬膜外麻醉或用化学保定剂。目前助产时普遍采用的某些化学保定剂,可抑制母狍努责,并使子宫肌松弛,但对胎儿的抑制也十分明显。②使胎儿体表润滑，以利于推、拉及转动，并减少对软产道的刺激。为此，可在子宫内灌入大量液状石蜡、植物油或软肥皂水等润滑。③难产为时已久的病例，矫正及推拉操作尤须多加小心。

（3）截胎术　死亡胎儿无法矫正拉出，又不能或不宜施行剖宫产时，可将其某些部分截断而分别取出，或者把胎儿的体积缩小后拉出。截胎术分皮下法及开放法2种。皮下法也叫覆盖法，是在截除某一部分以前，先把皮肤剥开，截除后皮肤留在躯体上，盖住断端，避免损伤母体，便于拉出胎儿。开放法是直接把某一部分截掉，不留下皮肤。备有绞断器等截胎器械时，以行开放法为宜。目前狍截胎术，因没有适宜的绞断器，普遍采用的是皮下法。

截胎术常用器械有：产科剥皮铲、产科钩、产科凿、手术刀、产科绳、指刀等。

头部手术：狍常用有2种，即破坏头盖骨和下颌骨截断术。破坏头盖骨：缩小头部体积，以利于通过骨盆。胎儿脑腔积水时，颅部增大，不能通过盆腔。可用刀在头顶中线上做一纵切口，剥开皮肤，然后用产科凿破坏头盖骨基部，使之塌陷。这时因有皮肤保护骨质断端，不致损伤母体。下颌骨截断术：有时用于狍胎的正生侧位，或在矫正了侧弯的头颈后，头部仍呈侧位，且胎儿头过大，拉出极困难时，旨在破坏下颌骨，使头部变细。方法是先用钩子将下颌骨体拉紧固定住；然后把产科凿深入一侧上、下臼齿之间，敲击凿柄，把下颌骨支的垂直部凿断；同法处理另一侧后，再将凿放在中央门齿之间，把下颌骨体凿断。最后沿一侧上臼齿咀嚼面将皮肤、嚼肌及颊肌由后向前切断；同样处理另一侧后，从两侧压迫下颌骨支，使之叠在一起而头部变细。前腿手术：适用于头颈姿势不正、前腿姿势不正以及胎儿过大等情况。狍难产比较常用的是截除正常前置的前腿，临床上绝大多数狍难产，经截除前腿后，可以解决实际问题。因此重点介绍此方法。

截除正常前置的前腿:适用于头颈侧弯等异常情况,截除正常前置的前腿,旨在为随后的操作腾出空间。即先用绳子拴住系部向外拉,使掌部尽可能露在阴门外面;然后沿掌部内、外侧各做一纵长皮肤切口,直达球节,剥离掌部及球节部皮肤;将剥皮铲伸至切口下端皮下,并围绕前腿把皮下组织完全分离至腋窝及肩胛部的整个外侧,剥至腋窝时,顺便破坏前腿内侧与胸廓之间的胸肌、血管、神经及胸下锯肌;对狍难产只需用剥皮铲沿肢的皮下周围尽可能剥离皮肤,直至前臂部、肘部、肩前、肩胛部、胸前、胸内侧,进一步用剥皮铲尖部离断前肢与躯干连接肌,对未离断的肌肉及筋膜应尽量用剥皮铲挫断,以便能顺利拉出欲截肢,但要特别注意避免剥皮铲刺透胎儿皮肤而损伤产道和子宫。

操作有 3 个要点:①助手适当牵引被截肢。②术者右手持剥皮铲,沿皮下尽量向肢上部剥离。③术者左手沿欲截肢皮外伸入产道与皮下的剥皮铲尖部同步运行前伸,以便准确感觉和把握剥皮铲操作的准确度和力度,而不致用力过猛刺透狍胎儿皮肤伤及子宫,这样可保证使用剥皮铲的安全性和可靠性。

(4)剖宫产 剖宫产就是切开腹壁及子宫壁,取出胎儿。其适应症包括:骨盆发育不全(交配过早)或骨盆变形(骨软症、骨折)而盆腔变小;狍体格过小,手不能伸入产道;阴道极度肿胀狭窄,手不易伸入;子宫颈狭窄或畸形,且胎囊已经破裂,子宫颈不能继续扩张,或者发生闭锁;子宫捻转,矫正无效;胎儿过大或水肿;胎儿的方向、位置、姿势有严重异常,无法矫正,或胎儿畸形,截胎有困难者;子宫破裂;阵缩微弱,催产无效;干尸化胎儿,药物不能使其排出;妊娠期满的母狍,因患其他疾病而生命垂危,需剖宫产抢救仔狍者。

①腹下切开法 可供选择的切口部位主要在乳房基部旁侧与膝前皱襞后缘连线中点处,向前纵行切开约 20 厘米,必要时可适当向后或向前延长,以便充分显露和托出子宫,取出胎儿。一般选

择切口的原则是,胎儿在哪里摸得最清楚就靠近哪里做切口。如两侧触诊的情况相近,可在其左侧施术。

保定:左或右侧卧,将前、后腿分别绑缚,并将头压住。

术部准备及消毒:局部剪毛、剃毛、消毒。剪、剃毛范围从预定切口处前后 40 厘米,上下 20～25 厘米。母狍的尾根、外阴部、会阴以及从产道露出的胎肢,必须先用温肥皂水清洗,然后用消毒液洗涤。切口周围铺上消毒巾,腹下、地面铺以消过毒的塑料布。

麻醉:除切口局部浸润麻醉外,尚可行硬膜外麻醉,或肌内注射盐酸二甲苯胺噻唑。如以上麻醉都不用,可采用眠乃宁注射液肌内注射,用后需及时应用解药,如取出的仔狍仍处于麻醉状态,应立即给仔狍肌内注射适量的苏醒灵注射液以拮抗麻醉剂,用量约为 0.05 毫升效果明显,可及时解除对仔狍呼吸的抑制。母狍用眠乃宁麻醉的用量应比正常狍少一些,视该狍精神状态、体格大小、病情轻重程度,以及仔狍是否活着等不同情况选用不同的剂量。一般精神状态不佳、体格小、病情重、仔狍可能窒息时,眠乃宁应用剂量要少;反之,可稍多一些。临床实践体会剂量范围较大,为 0.2～1 毫升。

操作步骤:

第一,切开腹腔。在乳房基部旁侧与膝前皱襞后缘连线中点处向前做纵向切口 20～25 厘米。切透皮肤和各层肌肉;用镊子把腹横肌膜和腹膜同时提起,切一小口,然后在食、中指引导下将切口扩大。这时助手必须注意用大纱布防止肠道及大网膜因腹压而脱出。如果切口太靠前,则不利于显露子宫,待切开腹膜后,再根据情况向后或向前延长切口,直至将切口扩至够大止。

第二,托出子宫。切开腹膜后,常见子宫上盖着小肠及大网膜。这时可将双手伸入切口紧贴下腹壁向下滑,绕过它们,达到子宫。同时,观察子宫的颜色,形态,腹腔内的腹腔液颜色和量,正常子宫颜色呈粉红色,如果胎儿腐败或子宫损伤,则子宫壁可能出现部分暗黑色乃至暗绿色,腹水较多,且变混浊,遇此种现象时,牵引子宫要备加小心,以免子宫破损。隔着子宫壁握住胎儿的某些部分,把子宫角大弯的一部分托出于切口之外。再在子宫和切口之间塞上大块纱布,以免肠道脱出及切开子宫后液体流入腹腔。在隔离子宫之前应彻底清除切口部位的止血纱布块及止血钳等器械。使用纱布时,要记住纱布块的个数,千万不要因忙乱而遗失在腹腔内。

第三,切开子宫。沿子宫大弯,避开子宫子叶,做一与腹壁切口等长的切口,切口不可过小,以免拉出胎儿时被押破而不易缝合。切口的长度应以能拉出胎儿而不撕裂子宫为宜。切口也不可做在侧面,尤其不得做在小弯上,因这些部位的血管粗大,出血较多。胎儿活着或子宫捻转时,切口出血较多,可边切边用止血钳止血,不要一刀把长度切够。切开子宫时不要下刀过猛,以免切伤胎儿。

第四,拉出胎儿。将子宫切口附近的胎膜剥离一部分,拉出子宫到切口外再切开,这样可防止胎水流入腹腔。慢慢拉出胎儿,交助手处理。活胎拉出速度不宜过慢,以免吸入胎水而窒息。拉出的胎儿首先要清除口鼻内的黏液。如果发生窒息,先不要断脐,一方面用手捋脐带,使胎盘中的血液流入胎儿体内,同时按压胎儿胸部,待呼吸出现后再断脐,拉出胎儿后,必须注意防止子宫切口回缩,胎水流入腹腔;如果胎儿已死,拉出有困难,可先行部分截除。

第五,处理胎衣。尽可能把胎衣剥离拿出,子宫颈闭锁时尤应这样,但也不要硬剥。一般剖宫产取出胎儿后,胎衣附着均不甚牢固,很容易剥离,如果能取出的胎衣而不尽可能取出,对子宫的影响较大。胎儿活着时,胎儿胎盘和母体胎盘粘连紧密,勉强剥离会引起出血。此时可向子宫内注入10％氯化钠溶液,停留1～2分钟,以利于胎衣的剥离。如果剥离很困难,可以不剥,术后注射缩宫素,让其自行排出。

第六,清理子宫。将子宫内液体充分蘸干,均匀撒布青霉素抗生素或使用其他抗生素或磺胺类药,令药物充分均匀撒布子宫孕角黏膜,以防子宫炎症。

第七,缝合子宫。用丝线或肠线、圆利直针连续缝合法,先把子宫浆膜和肌层的切口缝合一道,即子宫全层连续缝合一道之后,再用内翻缝合法缝合第二道,针只穿透浆膜和肌层,而不穿透黏膜,使子宫切口内翻(又称包埋缝合)。用温的无刺激性消毒溶液如 0.1％的洗必泰溶液或加入青霉素、链霉素的温生理盐水,冲洗暴露的子宫表面(不可流入腹腔),蘸干并充分涂以抗生素软膏后,送回腹腔。并同时复查腹腔内有无子宫内容物如胎水、胎衣等物落入,如有则需及时清除。

第八,闭合腹腔。貉的剖宫产闭合腹腔通常采用三层闭合法,二层缝合法切口容易被撕裂。

第一层用全弯圆针,以 12 号或 18 号丝线连续缝合腹膜、腹横肌膜、腹直肌,第二层结节缝合腹斜肌,第三层将皮肤、深筋膜及部分腹壁肌肉做结节缝合。实践显示,貉的腹膜不发达,单独缝合腹膜容易撕裂,应与腹壁肌层共同缝合,比较牢固。但是腹膜层必须缝合,若腹膜撕裂或不缝腹膜,将不利于腹壁切口的愈合。缝合完之前,用细胶管或注射器向腹腔内注入水剂青霉素和链霉素等抗生素药物。然后用结节缝合法或减张缝合法分别缝合肌肉和皮肤切口。此法有利有弊,利为肌层薄,出血少,子宫纵轴与体轴一致,便于剖宫取胎操作。但也有弊,弊是容易撕裂切口而发生危险。因此,缝合一定要牢固,以防患貉苏醒后,突然跃起撕裂切口。

术后治疗及护理:按一般腹腔手术常规进行。如切口愈合良好,15 天后拆线。

②腹侧切开法

第一,适应症。子宫发生破裂,破口多靠近子宫角基部,宜行腹侧切开法,以适于缝合。在人工引产不成的干尸化胎儿,因子宫壁紧缩,不易从腹下切口取出,亦宜采用此法。腹下切开法的适应症也适合于腹侧切开法。切口部位可选用左或右腹侧,每侧的切口又有高低不同。选择切口的原则也是哪一侧容易摸到胎儿,就在哪一侧施术。两侧都摸不到时,可在左侧做切口。此法的优点是切口不易撕裂,缺点是出血多,肌肉缝合层次多。现以左腹侧切口为例,简略介绍其操作要点。

第二,保定。可以使狍横卧于台桌或手术台上,背部略高,腹部略低,把左后肢拉向后下方,使子宫壁靠近腹壁切口。

第三,麻醉。可用眠乃宁等行全身性麻醉。

第四,切开腹壁。术部在膝前皱襞后缘与骨宽结节后缘连线中点处,斜向前下方切开约 30 厘米,必要时可向前或向后适当延长。切开皮肤与皮肌,按肌纤维方向 1 次切开腹外斜肌、腹内斜肌、腹横肌腱膜和腹膜,以便缝合及愈合;但这样切口的实际长度可能缩小,不利于显露子宫。因此,可将腹外斜肌按皮肤切口方向切开,其他腹肌按肌纤维方向切开。

第五,显露子宫。如瘤胃妨碍操作,助手可用大块纱布将它向前推,一般狍难产时食欲减退,瘤胃内容物不太多。术者隔着子宫壁握住胎儿的某一部分向切口拉,将子宫大弯暴露出来。牵拉时,一定要小心谨慎,缓慢用力,以免拉坏子宫。亦可由助手或术者从子宫下部向切口外托出子宫,使其尽可能将子宫孕角显露在切口处,以便固定子宫,取出胎儿避免子宫内容物对腹腔的污染。

第六,缝合腹壁。用 12 号丝线连续缝合腹膜和腹横肌腱膜切口,因狍的腹膜极薄而韧性极差,缝合腹膜时,可将腹膜与腹横肌一齐缝合;如两层腹斜肌是按肌纤维方向钝性分离的,可分层结节缝合。如腹外斜肌是横断的,助手将切口的两边向一起压迫,术者用几个水平纽孔状减张缝合,以减少肌肉张力,防止撕裂组织,而后结节缝合肌肉。最后,皮肤结节缝合。需要时,也可在切口处固定一结系绷带,以防切口部污染。

五、提高狍繁殖力的综合技术

（一）影响繁殖力的主要因素

1. 遗传因素　不同类群的狍繁殖力差异很大。以个体遗传因素看，主要表现在公狍配种后受胎率有差异。个体或群体在遗传基础上的差别，造成繁殖水平上的差异。

2. 环境因素　机体和环境是统一的，环境因素可以使狍的许多生理功能发生相应的变化，其中也包括繁殖功能的变化。例如，日照时数的变化与狍季节性发情有关，狍在日照时数缩短时开始发情。在炎热的夏季，影响母狍发情和公狍的精液品质，使精子活力下降，精子畸形率和死精子数上升。

3. 营养因素　营养因素对狍的繁殖力影响很大。实践证明，在配种前的一段时期内加强对初配母狍的饲养，可提高其发情率和受胎率，即饲料催情。饲料催情特别是对于常年体质差，繁殖力低下的狍群，显得更为有效。如果在母狍妊娠期间，由于饲喂劣质饲料而造成其营养不良会直接影响胚胎的生长发育，甚至会造成弱胎和死胎。营养缺乏也会使仔狍成活率下降。

4. 管理因素　狍在人工饲养管理条件下的繁殖活动一定程度受人为控制和影响。如狍的配种方式、配种计划和配种个体选择，直接影响着配种的效果。合理的饲喂、光照、运动和调教等一系列管理措施，不但影响着母狍的繁殖能力，也影响胎儿的生长发育和仔狍的培育。参加配种的种用公狍和母狍的年龄和性别比例也是影响狍繁殖效果的关键性因素。狍场的卫生管理措施、疾病状况，特别是对一些有威胁的传染病等，也会直接或间接地影响狍的繁殖力。

(二)提高狍繁殖力的综合技术

1. 加强选种 一个养狍场应该有计划地实行选种选配,不断提高狍群质量,增强繁殖能力,是提高繁殖力的有效措施。在选种过程中应选繁殖力高、体型大、体质健壮、年龄适当、生产性能旺盛、膘情适中、品质优秀的公母狍作为种狍。要根据系谱的亲缘关系和个体特点淘汰繁殖生理有缺陷、失去生育能力及老、弱、病、过肥或过瘦狍。

2. 改善饲养管理 营养条件对狍的繁殖力影响很明显。全年抓好膘情不仅能使母狍发情整齐,排卵正常,而且也会增强公狍的配种能力。营养水平高低的标志是膘情。一般过肥即营养过剩,过瘦即营养缺乏,都对母狍繁殖力造成影响,通常过肥比过瘦的影响更大一些。在日常养狍生产中,应使繁殖母狍群保持中上等膘情,这对提高繁殖性能是十分有利的。在配种前对狍进行优饲,可明显提高受胎率。在妊娠期,加强狍的饲养管理可明显提高仔狍出生重。因此,加强妊娠期母狍的饲养管理,做好保胎工作,可以有效提高繁殖力。

3. 增加适龄母狍的比例 种母狍群要有合理的最佳年龄段。实践证明,母狍最适配种年龄为3~7岁,保证适龄母狍在繁殖狍群中占60%以上的比例,是进行正常生殖活动的基础,一般配种后受胎率可达90%以上。如果种母狍群的老、幼狍占百分比过大,甚至连续几年很少有3~7岁最佳繁殖年龄的母狍,不仅会直接影响母狍群的繁殖力,而且对以后的育种工作影响更大。

青壮年母狍的发情、排卵、体质状况都比较好,配种后受胎率高,产仔后哺乳能力也很强。要有计划地选择优秀后备母狍补充繁殖母狍群的数量,严格淘汰繁殖力低的病、弱和老年母狍,使母狍群每年每代都处于繁殖年龄组成的优势结构。这可大大提高繁殖水平,还可以减少饲养母狍的成本。

4. 改进繁殖技术　正确地运用繁殖技术,是提高繁殖力的重要手段之一。就目前养狍业而言,可着手于驯化饲养、发情鉴定,扩大良种公狍在狍群中的影响。

狍属于野生动物,在人工繁殖上和家畜相比有很多特殊性。根据狍的生物学特性,科学开展繁殖技术。目前,在养狍工作中,还没有开展人工授精和同期发情工作。因为母狍在妊娠期存在胚泡滞育期,开展人工授精和同期发情工作的结果如何,现在还没有研究结论。母狍的生殖系统结构特点决定在开展人工授精工作难度要远远超过梅花鹿和马鹿的人工授精工作。

5. 减少胚胎死亡和流产　这项工作比较复杂,影响的因素很多,不但与生殖细胞和生殖器官的正常生理功能有关,也与影响早期胚胎的着床因素和生殖器官的疾病有着密切的关系。对母狍来说,胚胎死亡和吸收多发生在胚泡滞育期,与此有关的生理机制还缺乏充分的了解。一般认为,全价的营养供应和良好的管理,是减少胚胎死亡的有效措施。

6. 要加强兽医防疫工作　加强兽医防疫工作可使狍的发病率减少到最低限度,特别要控制布氏杆菌病、结核病等传染性疾病的发生和流行。同时,也要避免发生各种伤害母狍,尤其是妊娠母狍的事故,确保各项繁殖工作的正常进行。

六、狍的育种

(一)选　种

选种的目的是把对人们有益的性状选择出来,加以保留和发展,同时消除不利的变异,使狍的遗传基础得到改善。种狍品质的好坏,直接影响狍群的质量。种狍应具备生产性能高、体质好、发育正常、繁殖性能好、符合品种要求、种用价值高的条件,具有优良的遗传性。

1. 种公狍的选择 公狍影响范围大,它对后代有着重要的影响,必须特别注意公狍的选择。评定公狍的种用价值,可根据遗传稳定性、生产性能、体质外貌等方面的表现综合考虑。

(1)按系谱和后裔测定选择 按系谱选择,根据祖先的情况估测来自祖先各方面的遗传性。还应根据后裔的表现来评定种公狍自身的遗传性。系谱选择时应审查父母代、祖父母代3代系谱清楚,由2只以上种狍的系谱对比观察,选出优良者作为种用。

(2)按体质外貌选择 公狍体质外貌反映1个狍群的类型特征,体大、颈粗、额宽与生产性能存在着一定的相关性。理想的公狍必须具有种类品种或类型的特征,表现出明显的公狍型,体质健壮、结实、有悍威、精力充沛、性欲旺盛、体形匀称、结构良好,有坚强的骨骼和强健的肌肉等。

(3)按年龄选择 种公狍应在3～7岁的壮年公狍群中选择,个别优良的种公狍可利用到8岁。

2. 种母狍的选择 母狍对后代生产性能的影响也很重要,选择好母狍对于提高繁殖力,增加狍群数量和质量,提高后代的生产力都具有积极意义。

种母狍应在2～5岁的壮年母狍中挑选。理想的母狍应发情、排卵、妊娠和分娩功能正常,繁殖力高、母性强、性情温驯、泌乳器官发育良好、泌乳力强;具有体格适宜,结构匀称,体质健壮,皮肤紧凑,被毛光亮,特别是后躯发达,乳房和乳头发育正常,繁殖性能良好。对那些老、弱、繁殖力低下的母狍予以淘汰。

3. 后备种狍的选择 后备种狍必须从来自生长发育、生产力良好的公、母狍的后代中选择。仔狍应该强壮、健康、敏捷。公狍出生后第二年就开始生长出锥形初角茸,初角茸的生长情况与茸的生长有一定的关系,可以作为早选的一个依据。选留的仔狍应加强培育,使其遗传性能得以充分表现。后备公、母狍在种用前应进行综合的种用价值评定,种用价值高的后备狍能利用繁殖,对于那些种用价值不大的不能用于繁殖。

(二)选　配

1. 选配的原则　为了制定好狍的选配计划和做好选配工作,应注意以下事项。

(1)要根据育种目标进行综合考虑　为更好地完成育种目标规定的任务,不仅要考虑相配个体的品质和亲缘关系,还必须考虑相配个体所隶属的种群对它们后代的作用和影响。在分析个体和种群特性的基础上,注意如何加强其优点和克服其缺点。

(2)尽量选择配合力好的狍进行交配　在分析过去交配结果的基础上,找出那些产生过较好的后代的选配组合,并增选具有相应品质的公、母狍交配。或进行配合力测定,使配合力好的公、母狍进行交配。

(3)公狍等级要高于母狍　公狍负有带动和改进整个狍群的作用,且选留数量较少,对其等级和质量都应要求高于母狍。最低限度也要等级相同,绝不能使用低于母狍等级的公狍来交配。

(4)有相同缺点或相反缺点的公、母狍不能配种　选配中,绝不能使具有相同缺点或相反缺点的公、母狍相配,以免加重缺点的发展。

(5)不要任意近交　近交只宜控制在育种群必要时使用,是一种局部而短期内采用的交配措施,不可长期使用,更不可随意在生产群内滥用。

(6)搞好品质选配　优秀公、母狍,一般情况下都应进行同质选配,在后代中巩固其优良品质。一般只有品质欠佳的母狍或为了特殊的育种目的才采用异质选配。

(7)注意年龄选配　在年龄上,幼年母狍可与壮年公狍交配,壮年母狍可与壮年公狍交配,老年母狍应与壮年公狍交配,不宜采用幼狍配幼狍,老狍配老狍。同时年龄和体格差别太大的公、母狍也不宜相互交配。

2. 选配方式

(1)品质选配　品质选配是考虑交配双方品质对比的选配方式。同质选配和异质选配:同质选配就是选用性状相同,性能表现一致或育种值相似的优秀公、母狍来交配;异质选配就是选用具有不同品质的公、母狍交配。

(2)亲缘选配　亲缘选配就是考虑交配双方亲缘关系远近的选配,如果双方有较近的亲缘关系,就叫近亲交配,简称近交;反之则称远交。近交有害,这是实践中总结出来的教训,但近交可以加速优良性状的固定,淘汰有害基因,最有效地保持优良祖先的血统。使用近交时必须严格掌握和控制近交程度和选择后代,有不良者出现时必须严格淘汰或立即停止近交。

3. 育种方法

(1)纯繁　有相同祖先的狍群、体质外貌和生产性能都较相似,如果经过一段时期纯繁后,势必造成基因相对纯合,使群体有较高的遗传稳定性,但群体内总会存在着一定的异质性,通过种群内的选种选配,还可进一步提高生产水平。纯繁具有巩固遗传性,使种群固有的优良品质得以长期保存,并可迅速增加同类型优良个体的数量,以及提高现有品质,使群体平均生产水平不断稳步上升等。

(2)杂交　杂交是指不同种类、品种、品系、类型或不同种群狍只个体间进行的配种,杂交可使基因重新组合,实现狍群间的基因交换,可产生杂种优势,使后代的生活力、适应性、抗逆性和生产力都有所提高。杂交后代的基因型往往是杂合子,遗传基础不稳定,杂种不宜作种狍用就是这个道理。但杂种狍往往具有许多新的变异,有利于选择。生产水平较低的狍场,为了改变群体的遗传基础,可从外地狍场引入优良种狍,进行适当杂交,能使当地的狍群质量得到迅速的改良提高。

（3）克隆技术 克隆也叫单性繁殖，国内外在家畜繁殖中已经应用，并获得成功。克隆技术在有些野生动物方面目前处于试验研究阶段，在貉的繁育方面还没有开展这项工作。

第五章　狍的饲料

一、饲料的化学组成

饲料是指含有动物需要的营养物质和热能来源或有利于动物经济目的发挥的物质。在狍的饲料构成中，绝大部分为植物性饲料，构成这些植物的元素有 40 余种，其中以碳、氢、氧、氮 4 种元素含量最多，共占植物体总量的 95% 以上。此外，硫、钙、磷、钾、钠、镁、铁、氯、碘、铜、锰、锌等元素，它们在植物体中虽含量很少，但作为狍的营养物质也是必不可少的。这些元素在植物体内构成蛋白质、脂肪、碳水化合物、矿物质、维生素等复杂的化合物。这些化合物通过狍的消化道被消化吸收和利用，成为狍维持生命、生长发育及妊娠、生茸和换毛所必需的各种营养物质。

二、饲料的主要营养物质和生理功能

用概略分析法进行分析，饲料中的营养物质主要分为水分、粗蛋白质、粗脂肪、碳水化合物、粗灰分及维生素等。

（一）水　分

水是由氢元素和氧元素组成的，各种饲料均含有水，不同的饲料中水分差异很大，多汁饲料中的水分 72%～95%，青绿饲料中的水分达 70%～90%，谷物子实中的水分 10%～18%。同种饲料在不同的生长期或收割期进行测定，水分含量也有一定变化。无论青绿饲料、灌木枝叶还是作物子实，随着狍采食时期或收割时间的推移,其含水量均呈下降趋势。饲料中水分含量的高低对其贮存非常重要,在北方地区饲料水分超过 15% 就难以保存(青贮饲料例外),而南方则要求水分低于 14%,甚至更低。因此,对于含水量较高的青绿饲料多采取放牧或现割现喂的方式较好。

水在动物的生命活动中具有极为重要的作用。如食物的消化、食物的输送、废物排泄都离不开水,血液的运输、机体内诸多的生物化学反应离开水都无法进行。动物在营养极度缺乏的条件下,可以消耗体内的绝大部分脂肪和 1/3 左右的蛋白质,仍可维持生命。但如果其体内水分损失 15%～20%,就会导致死亡。因此,必须给狍提供充足的饮用水。

(二)粗蛋白质

饲料中含氮化合物总称为粗蛋白质,它包括纯蛋白质和非蛋白质含氮物质(非蛋白氮)。蛋白质经水解后可分解成 20 种氨基酸,构成对动物营养需要的必需氨基酸和非必需氨基酸。因为狍是反刍动物,具有发达的瘤胃,因此,部分蛋白质在瘤胃内被降解为氨基酸后,又被瘤胃微生物合成菌体蛋白(微生物蛋白质)以供狍消化吸收和利用,这样会使饲料中纯蛋白质的利用量比单胃动物少一些。

非蛋白氮主要包括氨化物、有机胺、含氮的葡萄糖苷和磷脂等,在有关书籍和专著中将氨化物与非蛋白氮等同对待。由于狍的瘤胃微生物能够直接利用非蛋白氮,将其转化为菌体蛋白被机体吸收利用,因此非蛋白氮对狍也同样具有较高的生物学价值。在养狍中利用狍的这一生理特性,在狍的日粮中适量加入一些非蛋白氮(注意含量,如为尿素则一般添加量为日粮总重的 0.5%～1%)。这样,既可以保证狍对蛋白质的需要,又可以降低饲养成本。

蛋白质是构成生命的基础,是狍维持生命和生长不可缺少的营养成分之一。肌肉、茸角、毛皮、蹄等各部分其主要构成物质为蛋白质。另外,狍的内分泌器官分泌的某些激素、酶、抗体、色素等物质也是由蛋白质构成的,狍在新陈代谢、组织的修补更离不开蛋白质。因此,饲料中提供的蛋白质的量一定要满足狍的营养和生理需求。

(三)粗 脂 肪

饲料干燥后用醚浸泡,其浸出成分称为粗脂肪。粗脂肪除包括真脂肪(中性脂肪)及游离脂肪酸以外,尚含有磷脂、蜡质甾体、有机酸及脂溶性色素、维生素等。脂肪通常使用乙醚提取,故粗脂肪亦称为醚浸出物或乙醚浸出物。

脂肪在狍体内也有着极为重要的作用。首先脂肪是构成狍体组织的重要成分,神经、肌肉、骨骼及血液等的组成中均含有脂肪,主要为卵磷脂、脑磷脂和胆固醇等。缺乏脂肪,狍体相应部分的功能就会受到影响。其次脂肪可以供给狍体一些特殊的必需脂肪酸,如18碳二烯酸(亚麻油酸)、18碳三烯酸(次亚麻油酸)和20碳四烯酸(花生四烯酸)等。另外,脂肪在狍营养中还是能量的重要来源,它的热能为同等质量碳水化合物的2~3倍。此外,脂肪还可以作为脂溶性维生素的溶剂,如维生素A、维生素D、维生素E、维生素K、睾酮等都能溶解在脂肪中,它们的吸收和利用都要通过脂肪这个载体来完成。

狍肉及其产品如果缺乏脂肪会影响其风味和口感。同时脂肪还有保护内脏和机体御寒等功能。体内的脂肪一部分来自饲料中的脂肪,另一部分可由饲料中的碳水化合物转化而来。所以,正常饲喂的狍一般不会缺乏脂肪,除非是为了育肥售肉,一般不必添加脂肪。饲料中脂肪的含量一般都比较低,仅豆科植物子实中含量较高,其中以黄豆为最高。

（四）碳水化合物

碳水化合物是一大类物质，其构成元素含有碳、氢、氧，氢和氧的比例为 2：1。碳水化合物是动物体内最重要的能量来源。碳水化合物在狍体内主要以葡萄糖形式存在于血液中，在肝脏与肌肉中以糖原和乳糖形式存在，当体内碳水化合物过剩时则转化为脂肪，并以体脂肪的形式存在于体内。

饲料中的碳水化合物可分为可溶性糖、淀粉、半纤维素、纤维素和木质素几大部分，其中可溶性糖和淀粉又称为无氮浸出物，半纤维素、纤维素和木质素等统称为粗纤维。可溶性糖和淀粉包括单糖、双糖和部分多糖等，这些糖在水中的溶解度很高，消化率一般高于 90%，可被狍机体直接利用。

半纤维素是一个许多复杂多糖的混合物，含特有戊聚糖、己聚糖、果糖等，它们可溶于稀酸和稀碱中，狍瘤胃中微生物能够将其分解利用，其消化率为 60%～80%，依饲料品种和饲喂时期（收获时期）而有所变化。

纤维素的化学结构比半纤维素要稳定得多，它在开水中、弱酸、弱碱中不溶解，是构成植物细胞壁的主要成分。狍的瘤胃和网胃微生物可将纤维素分解利用，其消化率与半纤维素接近。但随着植物的成熟，细胞壁中纤维素数量增加，消化率有所降低。

木质素是分子结构更为复杂且不能被消化的物质。主要存在于植物的根、茎和叶等处，木质素含量的增加会使饲料的营养价值下降。

粗纤维在植物性饲料中占有很大比例，尤以秸秆中含量最高，糠麸类次之，子实及块根、块茎中含量较少。

含有高纤维素的饲料除提供给其能量外，纤维素还具有刺激胃肠黏膜，促进胃肠蠕动，帮助消化和促进排粪作用；饲料中纤维素含量过少，而精饲料比例过大时常常造成狍瘤胃反刍活动减弱。

所以,饲喂狍时必须以粗饲料为主。

(五)粗 灰 分

饲料中的干物质在550℃～600℃高温条件下,完全灼烧至灰白色残余下来的成分,称为粗灰分。其中混有土沙和少量的碳。完全清除掉土沙和碳素即得到纯灰分。饲料中的灰分一般以粗灰分表示。粗灰分主要是各种矿物质,其中钾、钠、钙、磷、镁、氯、硫等动物需要量较大,称为常量元素(或大量元素);铁、铜、钴、锌、钼、锰、硒、氟等需要量较少,称为微量元素。此外,饲料矿物质中还含有一些在动物体中功能不详或从未产生缺乏症的非必需元素,如铬、镍、铝、铅、硼等元素。

矿物质在狍的营养中同样起到重要作用,下面简单介绍几种主要营养功能。

1. 矿物质可用于组织的生长和修补 骨骼和牙齿是体内含有矿物质最多的部分,其构成元素中钙、磷占有相当比例,以新鲜骨头为例,其灰分含量为25%,如灰分中钙含量不足,则引起动物生长迟缓甚至停滞,消化不良,幼年狍患佝偻病,成年狍易发生骨质疏松症等。有报道,在妊娠母牛中曾多次发生过因缺钙而引起的产后瘫痪,在养狍中,目前还没有这方面的报道。在狍的饲料中还应值得注意的问题是饲料中的钙、磷不仅要量(质量、数量)充足,而且比例应合适,否则一种元素过多会影响另一种元素的充分利用。饲料中钙、磷比例一般为 2 : 1 或 1 : 1。

2. 矿物质可作为机体调节物质或某些活性物质的合成原料 在反刍动物狍的饲料中,如缺乏钴则会影响瘤胃中维生素 B_{12} 的合成,造成食欲下降和出现贫血症状。现在市场出售的反刍动物矿物添加剂中一般均含钴,所以生产中出现缺钴的机会不多。

3. 钠和氯的作用 在反刍动物中这两种元素常常不足。缺钠会引起狍的生长迟缓,饲料利用率下降,尿中排出钠下降甚至为零。缺氯则会引起肾功能受损害,生长受阻,神经系统病变等。在生产中常采用补充食盐(NaCl)的方法,可以达到同时补充钠和氯的作用,食盐的补饲可以混入精饲料中(1%~1.5%),也可以放入食盐槽或制成盐砖等供狐自由舔食。

4. 锌的作用　锌缺乏时会出现皮肤角质化的皮炎,生长迟缓,被毛脱落。补锌方法在每千克饲料中加入0.2克硫酸锌,喂1周症状即可减轻或消失。

(六)维 生 素

维生素是一组化学性质及结构不同,营养作用和生理功能各异的化合物。维生素既不能供给动物体能量,也不是动物体的组成成分。它们主要是起控制、调节代谢作用。其特点是动物体对其需要量极少(占饲料重的二十万分之一至亿分之一),却具有重要的生理功能。缺乏维生素会造成狐生长缓慢、停滞、生产力下降、抗病力减弱或出现维生素缺乏症,严重时甚至引起死亡。

目前,在动物体中发现的维生素已有数十种。其中在畜牧生产中有重大意义的有10多种,习惯上将各种维生素按其溶解性分为2大类:脂溶性维生素和水溶性维生素。脂溶性维生素主要为维生素A、维生素D、维生素E、维生素K。水溶性维生素主要有B族维生素及维生素C等。

各种维生素功能不同,仅就其主要种类进行介绍。

1. 维 生 素 A(V_A、视黄醇)　维生素A主要存在于动物性饲料中,而在植物性饲料中则多以其前体胡萝卜素(也叫维生素A原)的形式存在。植物中的胡萝卜素有许多种,但转化成维生素A的胡萝卜素只有α、β、γ及羟基-β-胡萝卜素4种。而其中又以羟基-β-胡萝卜素具有最大的维生素A活性,1分子β-胡萝卜素可转化为2分子的维生素A,其他3种成分,1分子只能转变为1分子维生素A。

维生素 A 在动物营养中有着重要作用,能保护黏膜上皮组织,增强机体抗病能力,防止夜盲症,维持狍的生产繁殖能力,维持神经系统正常发育,促进被毛生长和保持光泽等。狍缺乏维生素 A,就会出现食欲下降,被毛粗糙,公狍精液质量下降症状。

2. 维生素 D(V_D) 主要为维生素 D_2 和维生素 D_3。其前体分别为麦角固醇及 7-脱氢胆固醇,它们经阳光中的紫外线照射后可转化为维生素 D_2 和维生素 D_3。维生素 D_2 和维生素 D_3 具有相同的功能。

维生素 D 的主要生理功能是促进钙、磷的吸收和代谢,加强骨骼的钙化。缺乏维生素 D 会使钙、磷代谢失调,幼年狍产生佝偻病,成年狍则产生软骨症。即使钙、磷供给充足,维生素 D 的缺乏也会出现钙、磷缺乏的症状。

动物皮脂腺及其分泌物中有 7-脱氢胆固醇,一般只要适当的日光照射,就不会缺乏维生素 D。经阳光晒制的优良干草就含有大量维生素 D,动物性添加剂中鱼肝油含丰富的维生素 D(同时含维生素 A)。

3. 维生素 E(V_E) 维生素 E 又称为生育酚或抗不育症维生素。维生素 E 对动物的繁殖具有重要的作用,缺乏维生素 E,动物的繁殖将受到严重影响。公狍缺乏维生素 E 则引起睾丸发育不良或退化,畸形或衰弱精子数增加,精液品质及受胎率下降。母狍缺乏维生素 E 会造成胎儿在子宫内被吸收、中途流产或产死胎比例增加。

动物性饲料中维生素 E 含量很少,大部分植物性饲料中均含有维生素 E,尤以谷类饲料的胚芽和青绿饲料中含量丰富。由于狍是草食动物,其饲料中一般不会出现维生素 E 的缺乏。

4. 维生素 K(V_K) 又称为止血维生素。饲料中含有足够的维生素 K,狍的瘤胃微生物也具有合成维生素 K 的能力,故在养狍生产中,对维生素 K 一般不必特殊考虑。

5. B 族维生素（V_B）　B 族维生素包括 10 多种不同的维生素，均属于水溶性维生素。常见的有维生素 B_1（硫胺素）、维生素 B_2（核黄素）、维生素 B_6（吡哆醇）、维生素 B_{12}（钴胺素）、维生素 B_5（烟酸、尼克酸、维生素 PP）、泛酸、叶酸及生物素等。B 族维生素功能不尽相同，但大体上以参加 3 大物质代谢为主（脂肪、蛋白质、碳水化合物）。对成年狍而言，其瘤胃内微生物能够合成足够的 B 族维生素，因此不会出现缺乏症。但幼年狍瘤胃发育尚未健全，不能合成 B 族维生素，需要由饲料中供给。在 B 族维生素中维生素 B_{12} 是目前已知惟一的含有金属元素的维生素，在其分子中含 4.5%（重量）的钴，当饲料中缺钴时，则会引起维生素 B_{12} 缺乏症。因此，在缺钴地区养狍，则应添加含钴的添加剂。

6. 维生素 C（V_C）　又称抗坏血酸。各种青绿饲料、新鲜蔬菜、块根类饲料中都含有很多维生素 C，加热和日晒很容易使其被破坏。反刍动物体内能够合成足量的维生素 C，故一般不会缺乏。但在幼年狍哺乳最初 2 周可添加适量维生素 C。另外，夏季高温、生理紧张及运输等应激条件存在时，给予维生素 C 对降低应激反应具有很好的效果。

三、狍的饲料种类及其特点

饲料种类繁多，分类方法亦不完全相同。中国农业科学院畜牧研究所根据国际饲料命名及分类原则，按照饲料营养特性分为粗饲料、青绿饲料、青贮饲料、能量饲料、蛋白质饲料、矿物质饲料、维生素饲料、添加剂饲料 8 大类，下面分类简单介绍。

（一）粗 饲 料

1. 干草　干草是青草或栽培饲料作物在结果实前的植株地上部分经干制（晒干或烘干）而成的饲料。由于制备良好的干草仍保持青绿颜色,故又称为青干草。制备足量的优质干草可保证狍安全过冬有充足的饲料来源。干草制成后除维生素 D 有所增加外,各种营养物质都有不同程度的损失。合理调制的干草,其干物质的损失量为 18%～30%。

干草的制备主要有自然风干及人工干燥方法,其目的都是使青草在尽可能短的时间内迅速将水分降至 15%左右,以便长期保存。

晒制干草时,要把割下的青草铺成薄层,由阳光直接暴晒。为使青草的茎和枝叶同步干燥,最好将粗茎的青草割后碾轧揉裂,以利于水分蒸发。晒制初期,植物细胞并未死亡,仍有呼吸及一定的光合作用,但总的来说异化作用大于同化作用。当含水率降至40%以后,细胞逐步干燥脱水而亡,这段时间较短(1～2 天)。晒制后期,水分继续缓慢蒸发。为加快失水,减少暴晒时间,可趁晨露将草上、下面翻转,降低掉叶损失,使青草失水均匀并加快晒制进程。随着草中水分下降,可将草逐步集中成松散或中空的小草堆。当含水量进一步减少至 17%左右时,即可堆成大垛或打捆备用。

阴干草可充分保存青草中的有效成分。其步骤是把收割的干草在有场地的草架上自然通风凉干。在这种情况下,虽然仍有呼吸代谢损失,但无地面吸潮。通风良好,又免去翻草、集堆,不会遭到雨淋。所以,阴干草颜色青绿,气味清香。

人工干燥制备干草,通常是将青草割下经适当凋萎失去水分后,进一步用强热风或专门的高温脱水的成套设备,将青草进行脱水处理。此种方法对保持干草营养成分最为有利,但设备投资大,一般规模的养狍场或养殖户难以承受。

2. 蒿秕饲料及高纤维糟渣类 蒿秕是稿秆(亦称秸秆)秕壳的简称,是农作物脱粒收获子实后所得的副产品。脱粒后的农作物茎秆及附着在上面的干叶称为秸秆,如玉米秸、稻草、谷草、各种麦类秸秆及豆类、花生、甘薯的秸秧等。秕壳则是从子粒上脱落的屑片、荚皮、颖壳、瘪谷、碎落的部分叶片及有限的破碎颗粒的总称。大多数农区都有丰富的蒿秕可作狍的饲料。秸秆类饲料最突出的特点是其粗纤维含量极高，一般都超过干物质含量的 1/4 以上，有的高达 1/2(28%～48%)。其他营养物质的含量，如粗蛋白质 3%～18%，无氮浸出物 40%～50%，维生素含量很少。这种饲料来源广泛，价格低廉。

3. 枝叶饲料 枝叶饲料既属于粗饲料，也可归为青绿饲料，依其水分和粗纤维含量而定。其指标分别为 45% 和 18%。大多数树木的叶片(鲜叶及落叶)及其嫩叶和果实，都是狍粗饲料的良好来源。树叶很容易消化吸收，不仅能作为狍的维持饲料，还可作为狍的生产饲料。树叶虽然属粗饲料，但按等重干物质计算，其营养价值较高，远远优于秸秆和荚壳类饲料。

枝叶饲料的营养价值随植物的生长季节而有较大的变化。幼嫩枝叶的粗蛋白质含量较高，但其干物质含量较低。随着生长季节的推移，干物质含量增加，粗蛋白质含量下降。例如，以干物质中含量计算，初夏(6 月上旬)枝叶中粗蛋白质含量为 36%，7 月份以后逐步降低，至初冬(11 月上旬)降至 12%。有条件的地方可尽量利用枝叶饲料。在养狍业，常用的枝叶饲料来源有柞树、桑树、榆树、柳树、胡枝子、杨树、桦树和一些果树等。但要注意一些植物中可能含有毒物质，一般认为，桃树、黄杨、柏树等的树皮含有毒素。

(二)青绿饲料

1. 野生牧草及杂草 在天然牧草和野生杂草中，数量占优势、饲用价值又高的要属禾本科和豆科植物。此外，菊科和莎草科中有的也可用作青绿饲料。本类饲料的特点是，这类植物生长早期，即幼嫩青草时期，含水分多，含粗蛋白质相对较高，粗纤维含量相对较低,各种维生素和矿物质元素含量也比较丰富。随着生长期的推移,特别是生长后期,这些植物茎秆粗壮,不仅粗纤维含量增加,而且茎秆木质化程度加剧,导致纤维素中木质素成分比例大增,营养价值显著下降。

2. 栽培青饲料 所谓栽培青饲料泛指人工播种栽培的各种植物,包括谷物和豆类作物,也包括叶菜和瓜、荚、根类的秧蔓等可食部分,还包括人工栽培及正在驯化过程中野生牧草和其他植物,如紫花苜蓿、沙打旺等。

在栽培青饲料中,以产量高营养好的禾本科和豆科植物为主。其他常见的还有菊科的菊芋。十字花科的甘蓝、白菜,北方的甜菜叶、胡萝卜缨,南方和华北的甘薯藤蔓等都是狍喜食的饲料。

3. 叶菜、栽培饲料及其他 在青绿饲料中,除野生牧草及杂草、栽培青饲料外,还有种类繁多可供狍采食的青饲料,例如甘薯和瓜类秧蔓,萝卜、胡萝卜和甜菜的叶等。这些青饲料只要适时采收,质地柔嫩,动物喜食。这些青饲料中干物质含量较低,一般不足 10%,单位质量青饲料提供的能量和营养物质有限,但是农区的地方,这类青饲料仍不失为廉价的饲料来源。

(1)青刈玉米 由于饲喂需要或因生产季节的限制,未待玉米子粒成熟即行青刈,称之为青刈玉米。其属 1 年生禾本科作物,产量高,碳水化合物含量丰富。青刈玉米青嫩多汁,味甜,适口性好,适喂多种动物,狍也非常喜食。青刈玉米用作狍饲料,刈割时间一般选在抽穗到乳熟期这一段时间为最合适。根据狍群需要可分期播种、分期收割,切碎后饲喂。若饲用全株玉米一时无法用完,还可以加工成优质青贮饲料以备冬、春季饲用。

(2)无芒雀麦 无芒雀麦又名雀麦、无芒草、禾营草,为世界范围内最重要的禾本科牧草之一。我国东北、西北、华北等地均有分布。无芒雀麦适应性广,生活力强,适口性好,饲用价值高,可进行放牧或青刈、晒制干草,青刈可在抽穗后 15 天内进行。无芒雀麦营养价值很高,叶多茎少,幼嫩无芒雀麦干物质中所含蛋白质不亚于豆科牧草。种子成熟时,营养价值显著下降。

(3)羊草　羊草又名碱草,是我国北方草原分布很广的一种优良牧草。羊草主要供放牧和收获干草用,是一种多年生禾本科牧草。羊草叶丰富,适口性好,各种家畜都喜食,尤其是狍及家畜。羊草的鲜草干物质含量为 28.64%,含粗蛋白质 3.49%,粗脂肪 0.82%,粗纤维 8.23%,无氮浸出物 14.66%,灰分 1.44%。羊草的鲜草干物质中粗蛋白质含量达 12%以上,品质很好,5 月下旬至 10 月中旬供放牧用。羊草调制成干草,是多种草食动物冬、春季节最重要的干草来源。

(4)青刈大豆　大豆属豆科作物。青刈大豆是在大豆开花结荚之初割下来的一种栽培饲料。其产量很高,1 公顷产青刈大豆 15~20 吨。青刈大豆茎叶柔嫩,纤维含量较少,蛋白质较多,脂肪较少,氨基酸含量丰富,是狍的优质青刈饲料。青刈大豆以 7 月初收获喂狍最好。

(5)紫花苜蓿　紫花苜蓿又名紫苜蓿,是世界上栽培最早且最广泛的一种多年生豆科牧草,具有耐寒、耐旱特性。在我国分布较广的有紫花苜蓿、黄花苜蓿等,其中以紫花苜蓿分布最为广泛。我国紫花苜蓿栽培历史悠久,已有 2 000 余年的栽培历史。主要在西北、华北、东北、内蒙古等地栽培,南方各地也有栽种。

苜蓿产量很高,当年春播的,在北方地区可青刈 2~3 次,南方地区 2~4 次。夏播的,北方不能青刈,南方可青刈 1~2 次。2 年生苜蓿可青刈多次(北方 3~5 次,南方 5~7 次)。青刈间期为5~6 周。每公顷产鲜苜蓿 15~60 吨,或干品3~15 吨。

苜蓿的营养价值与收获时期的生长阶段有很大关系。幼嫩时,含水多,粗纤维少。收割过迟,茎增粗,叶的比例下降,饲用价值降低。苜蓿的利用方法也很多,可以直接饲喂、青刈青喂、青刈青贮,也可调制干草,可粉碎成苜蓿草粉喂狍。在苜蓿地对狍进行饲喂时,需注意不可进食过量,以免引起瘤胃臌气及氨中毒。

(6)三叶草属牧草 三叶草属豆科植物,三叶草属植物种类很多,大多数为野生,少数为人工牧草,目前人工栽培较多的为红三叶、白三叶,其次为地三叶、杂三叶和绛三叶。

红三叶在我国江淮流域、华南、西南、新疆各地情况良好,产量高,病虫害少,是我国南方较有发展前途的豆科牧草。红三叶也是很好的牧草,饲喂时发生瘤胃臌胀的机会较苜蓿少,但仍应注意预防。白三叶草的再生性好,耐践踏,适口性好,营养价值高,青草中粗蛋白质含量较红三叶高,而粗纤维含量较红三叶低。杂三叶草质柔软,叶多,适于青草喂和调制干草,耐牧性强。红三叶是短期多年生植物,白三叶是多年生植物,绛三叶是 1 年生植物。

(三)青贮饲料

青贮饲料是以青饲料为原料经发酵处理而制成的。饲料经处理后能够有效地保存青绿植物的营养成分,而且由于乳酸菌的作用使得制成的青贮饲料具有醇香、酸甜的气味,口感好,同时乳酸菌使蛋白质易被狍消化吸收。青贮饲料的特点是能长期保存及消化率高。制作、贮存良好的青贮饲料,不仅满足狍(或其他草食动物)冬、春季节的饲料要求,而且可以保存更长时间,有的甚至可保存达 10 年以上。关于青贮饲料的制作原理与过程,以及青贮的保存及品质评定等内容,见本章的饲料加工与调制部分内容。

(四)能量饲料

能量饲料包括谷实及其加工副产品和富含淀粉和糖类的根、茎、瓜类等。能量饲料的划分标准一般为:饲料中自然含水量小于45%,干物质中粗纤维含量小于 18%,蛋白质含量小于 20%。块根、块茎及一些瓜类虽其自然含水量远大于 45%,但仍归为能量饲料,其原因在根、茎、瓜类饲料中叙述。

1. 谷实类饲料　谷实饲料的共同营养特点是无氮浸出物含量特别高,一般都在 70% 以上,而粗纤维含量则很低,一般在 5% 以内,只有个别的达 10% 左右。谷实的干物质消化率高,所以有效能值也高,是动物的主要能量来源。在蛋白质方面,谷实饲料中粗蛋白质含量一般为 10% 左右。对狍而言,其不平衡的氨基酸的影响不如对单胃动物那样明显。在维生素含量上,谷实饲料中 B 族维生素和维生素 E 比较丰富,维生素 C 和维生素 D 比较缺乏。

(1)玉米　玉米号称饲料之王。玉米子实是狍的基础饲料之一。玉米产量高,其所含能量很高,但蛋白质含量低,矿物质和维生素缺乏。在蛋白质的氨基酸结构中缺乏赖氨酸和色氨酸。由于玉米中蛋白质品质较差,在给狍饲喂配合饲料时常与其他富含蛋白质的饲料及矿物质、维生素一起饲喂。玉米有黄、白之分,黄玉米的维生素 A 原(β-胡萝卜素)含量要比白玉米高。所有玉米中维生素的含量都很少,而维生素 B_1(硫胺素)含量高。

(2)高粱　高粱主要产自于我国东北地区。除在有效能值稍低于玉米外,营养特性与玉米相似,也是一种重要的能量饲料。高粱中胡萝卜素和维生素的含量较玉米少,B 族维生素含量与玉米相当,惟独维生素 B_5(烟酸)含量低。高粱中含有鞣酸,有苦味,狍不爱采食。鞣酸主要存在于壳部,色深者含量高。在配合饲料中,利用色深者配制时添加量不宜超过精饲料量的 10%,色浅者可加到 20%。高粱饲喂比例过多可引起便秘,但在仔狍补饲过程中加入一定量的高粱,则可防止仔狍腹泻。为提高高粱的消化率,在喂狍时通常将高粱粉碎后喂饲。

(3)大麦　大麦也是一种重要的能量饲料。我国的大麦主要用于啤酒酿造业,少部分用于饲料。大麦的粗蛋白质含量较高,约为 12%,赖氨酸含量达 0.50% 左右,比玉米(0.28%)高,其无氮浸出物含量较多(77.1%),粗脂肪比玉米少。大麦的钙、磷含量比玉米高,胡萝卜素和维生素不足;维生素 B_1 含量丰富而维生素含量较少。狍可大量饲喂大麦,饲喂稍加粉碎即可,不宜粉碎过细。否则,大麦粉会发黏,影响适口性,对采食不利。但也不宜整粒饲喂。否则,不利于消化又浪费饲料,增加饲养成本。

(4)燕麦　燕麦是一种很有价值的饲料作物,可用作精饲料、青干草和青刈饲料。其子实中含有丰富的蛋白质,一般为 10%左右,其粗脂肪含量超过 4.5%,是脂肪含量最高的谷实饲料之一。饲用燕麦因含壳,故其粗纤维含量较高,一般在 10%以上,可消化总养分比其他麦类低;蛋白质品质优于玉米;含钙较少,磷较多,其他无机物与一般麦类相似;胡萝卜素、维生素 D、维生素 B_5 含量比其他麦类少。

燕麦也是喂狍的极好饲料,为提高消化率,喂前应适当粉碎,但不要过细。燕麦加工副产品,此类饲料的特性可由粒的结构所决定的。一般分为 2 类,其中制米的副产物称为糠,制粉的副产物称做麸。在农区,糠、麸饲料来源广泛,是一类数量大的能量饲料。在养狍生产中以麦麸的应用更为广泛。小麦麸(也叫麸皮)中含有较多的 B 族维生素,如维生素 B_1、维生素 B_2、维生素 B_5(烟酸)、胆碱,也含有维生素 E。麦麸的适口性较好,质地疏松,具有缓泻、通便的功能,是母狍妊娠后期和哺乳母狍的良好饲料。幼年狍饲喂麸皮易引起腹泻,因此要适量控制。由于麸皮容积大,质地松散,饲喂时可加水搅拌或配合青饲料一起饲喂效果较好。

2. 根、茎、瓜类饲料　自然的块根、块茎和瓜类饲料含干物质量都很低,一般不足 20%。只有各种薯类可高达 30%,而萝卜和瓜类的干物质一般都在 10%以下。本类饲料的干物质中粗纤维的含量通常都不超过 10%,故分类系统属能量饲料。根据其水分含量高的特点,也可将其归入青绿饲料之中。这类饲料的特点是产量高,水分多,易消化,适口性好,狍喜食。秋、冬季节给予适量的块根、块茎和瓜类饲料对提高公狍的配种能力和母狍的繁殖力有一定作用。主要的块根、块茎和瓜类饲料有胡萝卜、甘蓝、甜菜、南瓜等。

（1）胡萝卜　胡萝卜是一种分布极为广泛的块根植物,是优良的多汁饲料。它是秋季、冬季和春季的良好的维生素补充饲料。胡萝卜营养价值很高。鲜胡萝卜中含水分为 81%～92%,粗蛋白质 1.2%～3%,碳水化合物 8%～13%。胡萝卜味甘甜,狍十分喜食。丰富的胡萝卜素是胡萝卜的一大特点,每千克胡萝卜中胡萝卜素含量可达 36 毫克,高者可达 80 毫克。此外,B 族维生素以及维生素 C 的含量也很丰富。配种前期及配种期的公、母狍饲喂胡萝卜有利于促进发情和提高繁殖力。胡萝卜除直接喂狍外,还可将其洗净、切碎与其他青绿饲料混合制成青贮饲料备用。

（2）甜菜　甜菜又名甜萝卜,属块根饲料,分为糖甜菜和饲用甜菜。糖甜菜主要用于制糖,其残渣可作饲料,也可将整个甜菜作饲料。我国南方和北方都有栽培。甜菜适应性强,产量高,营养好,饲用方便,耐贮藏。在北方多甜菜地区,这也是狍场冬、春季节重要的贮备饲料。饲喂时应洗净切成小块饲喂。

（3）菊芋　菊芋又称洋姜、姜不辣、鬼子姜,属菊科块茎植物,多年生,产量也较高,每公顷产茎叶 37 吨以上,块茎 35～40 吨。菊芋也是一种良好的多汁饲料,新鲜菊芋含水分 75%,粗纤维 8%,粗蛋白质 11.2%,其营养价值较高。菊芋块茎耐冻,即使在我国的黑龙江省亦可在地下自然越冬。但菊芋块茎耐贮性差,最好随挖随喂。饲喂前要洗净,切成小块,然后可与其他饲料混喂。

（4）南瓜　南瓜又叫面瓜,既是蔬菜,又是优质高产饲料,其藤蔓也是狍的好饲料,而且营养丰富,耐贮存,运输方便。青饲、青贮皆宜。

除以上介绍的几种饲料外,还有很多作物都可作狍的饲料,如马铃薯、甘蓝、灰萝卜(大蔓青)等都可作为狍的饲料,有条件的狍场可根据实际情况饲喂。

（五）蛋白质饲料

1. 豆类子实 豆类子实的营养成分特点是,粗蛋白质含量高,一般为 20％～40％不等。蛋白质的氨基酸组成较为合理。以黄豆为例,其中赖氨酸含量较高,为 3.09％;蛋氨酸含量较低,为 0.79％。大豆(及其饼粕)中存在抗胰蛋白酶、尿素酶、皂素、血凝集素和抗凝固因子等有害物质,其中最主要的是抗胰蛋白酶。但这些有害物质大都不耐热,在适当水分下加热(100℃,3 分钟)即可分解。在养狍生产中多用黄豆磨成豆浆、煮熟后拌料饲喂,对病弱狍、哺乳母狍和断奶仔狍可作为其滋补饲料。在豆科子实中除黄豆外,尚有一些其他豆类如蚕豆、豌豆、黑豆等,其营养物质含量与大豆多有相似之处,有条件的地方亦可根据实际情况适当饲喂。大豆中粗脂肪含量很高,超过 15％,其有效能值不逊于玉米等能量饲料,但由于其蛋白质含量高,故将其归为蛋白质饲料。

2. 饼粕类 富含脂肪的豆类子实和油料作物子实提油后的副产物统称为饼粕类饲料。提油的加工工艺可分为压榨和浸提,压榨提油后的块状副产物称为饼;浸提出油后的碎片状副产物称为粕,分别称为油饼和油粕。根据作物的不同又分为黄豆饼粕、向日葵饼粕、胡麻饼粕等。豆饼和豆粕(黄豆饼和黄豆粕)是养狍生产中应用最为广泛的植物性蛋白质饲料,经提油后其蛋白质水平有相应提高,优质豆饼(粕)的粗蛋白质的含量可达 45％左右。公狍配种期、母狍哺乳期以及仔狍育成期中豆饼(粕)都是必不可少的蛋白质饲料。

除大豆饼(粕)外,一些其他作物饼(粕)也可以充分利用。由于不同饼(粕)中含有一些不同的有害成分,其饲喂量有所限制。有关喂饲其他杂饼(粕)的资料甚少,但参考其他反刍动物的饲喂状况,为降低饲料成本,棉籽粕、菜籽粕的饲喂量不超过精饲料 6.5％,一般不会出现问题。菜籽饼(粕)中含有硫葡萄糖苷,当其在酶的作用下水解可产生异硫氰酸酯和噁唑烷硫酮,这两种物质对狍有害。棉籽饼(粕)中含有游离棉酚,对狍的繁殖有不良影响,因此种狍不宜饲喂。各养狍场可根据饲料来源自行安排饼(粕)类饲料的饲喂。

3. 动物性蛋白质饲料　动物性蛋白质饲料包括鱼粉、肉骨粉、血粉、禽类的羽毛粉和内脏粉等。由于鱼粉价格昂贵,所以养狍业中很少使用,其他几种养狍场可根据其附近的价格及供应情况酌情而定。

4. 微生物蛋白质饲料饲用品　微生物蛋白质饲料饲用品包括酵母、细菌,为单细胞蛋白质饲料。本类饲料是由各种微生物体制成的真菌和一些单细胞藻类。

(1)饲用酵母　饲用酵母是应用较为广泛的微生物蛋白质饲料。其蛋白质含量随发酵底物的不同而变异较大,低者为 20% 左右,而高者可达 60% 以上。由于微生物发酵的作用,其饲料中 B 族维生素含量丰富,每千克饲用酵母中含维生素 B_1 100 毫克、维生素 B_2 30 毫克、维生素 B_5 500 毫克、维生素 B_6 50 毫克。采用固态发酵制得的酵母混合饲料,其生物学价值依发酵情况的不同而变异较大,发酵充分者,生物学价值相对较高。

(2)藻类　所用藻类包括小球藻、螺旋藻、蓝藻等。以小球藻利用较为广泛。小球藻繁殖快,产量高,营养丰富,适口性好,粗蛋白质含量可达 45%,粗脂肪 15%,碳水化合物 20%。此外,还含有丰富的 B 族维生素及维生素 C 和胡萝卜素等。也是狍良好蛋白质补充饲料。

(3)氨基酸和非蛋白氮类饲料　与其他反刍动物的饲养相比,在狍饲养上尚有许多工作有待于进一步研究,如为提高育成狍的生长速度,向饲料中添加"过瘤胃蛋白"等,这部分工作可以参考其他反刍动物(如鹿)的资料实施。

非蛋白氮(NFN)是在养狍业应用较为广泛的廉价蛋白质资

源。因为狍的瘤胃微生物可以利用非蛋白氮,将其合成菌体蛋白(微生物蛋白)。然后菌体蛋白(连同微生物一起)被转运到真胃和小肠,被分解成氨基酸,最后被吸收,用于维持和增强正常的生命活动。在非蛋白氮中应用较为广泛的是尿素和碳酸氢铵,以尿素应用更为广泛。尿素是人工合成的有机化合物,其理论含氮量为46.6%,一般产品含量 45%左右。尿素为白色结晶状,易溶于水,无臭而略有苦咸味。尿素的饲喂是有一定条件限制的,若饲喂不当会引起中毒,甚至死亡。在实际饲喂时应注意以下几点:①因为尿素是通过瘤胃微生物活动合成菌体蛋白后才能被利用的,所以饲喂对象限于成年公狍、母狍和育成狍的后期。哺乳期及瘤胃功能尚未发育完善的仔狍禁止饲喂尿素。②饲喂尿素时要同时辅以足够的易溶碳水化合物供瘤胃微生物利用,以提高尿素的利用率。③饲喂尿素时,应供给一定量的维生素和矿物质,以满足瘤胃微生物增殖的需要。④尿素严禁随饮水喂给。⑤尿素的饲喂量是有限制的,成年公狍、母狍及育成狍等,其日粮中尿素可占混合精饲料的 1%或整个日粮的 0.5%。由尿素提供的氮源最多不能超过日粮总蛋白质的 1/3,其余部分仍应由饲料中蛋白质供给。

(六)矿物质饲料

1. 钙源饲料　主要包括石粉、贝壳粉以及蛋壳粉。此外,还有一些其他物质如白云石、熟石灰、石膏等可以作为钙源饲料。

(1)石粉　石粉主要指石灰石粉,化学成分为碳酸钙,天然石灰岩、大理石矿综合开采的产品。石粉价格低廉,含钙 34%～38%,是应用广泛的钙源饲料。石粉的饲喂量根据狍生长阶段不同而有所区别,其占精料的比例为:仔狍 0.5%～1%,育成狍1%～1.5%,成年狍 2%～3%。

(2)贝壳和蛋壳粉　为新鲜贝壳或蛋壳经灭菌、干燥、粉碎而成,贝壳粉含钙 34%～38%,蛋壳粉的含钙略低(为30%～35%)。

2. 磷源和磷钙源饲料

(1)骨粉 骨粉是由动物杂骨经热压、脱脂、脱胶后干燥、粉碎制成的,主要成分为磷酸钙。骨粉中含钙 30%～35%,磷 13%～15%,其钙、磷比例比较合适,是能够同时提供磷和钙的良好矿物质饲料。

(2)磷酸氢钙 磷酸氢钙系化工合成的产品,其钙、磷含量分别为 20%～23% 及 16%～18%。也是同时提供钙、磷的矿物质饲料,用它可以调节日粮中钙、磷的平衡。

使用骨粉和磷酸氢钙,应注意防止氟中毒。一般在狍的日粮干物质中氟的含量应限制在 30～60 毫克/千克以内。有时经过热压处理的骨粉氟含量高达 3 569 毫克/千克,故在加工应用时一定要注意脱氟处理。

3. 食盐(NaCl) 食盐能同时为狍提供其所必需的钠和氯 2 种元素。商品食盐中含钠 38%,氯 58%,另有少量的镁、碘等元素。一般食盐的饲给量为成年公、母狍每日 15～20 克,育成狍每日 8～10 克,幼年狍每日 4～8 克。可放在盐槽中供狍舔食或拌入精饲料中饲喂。

4. 其他微量元素补充饲料 其他微量元素包括铜、锰、碘、钴、硒等,在实际饲喂时,可直接购买市场上出售的家畜用矿物质饲料添加剂,也可参考其他反刍动物矿物质饲料添加剂的用法。在饲养中,狍出现微量元素缺乏的情况并不多见。

(七)维生素饲料

此处所说的维生素饲料是指非天然来源,即化学合成或经加工提取的浓缩产品,以维生素 A、维生素 D 为例,鱼肝中富含维生素 A 与维生素 D,但并不划为维生素类,而人工提取的鱼肝油维生素 A 与维生素 D 含量更为丰富,则属于维生素类。

由于狍的饲料结构中含有大量粗饲料和青绿饲料,而瘤胃微生物的活动又可产生大量 B 族维生素,加之狍本身也能够合成所需要的维生素 C,所以在实际生产中,只要饲料搭配合理,狍一般不会出现维生素缺乏现象。

(八)饲料添加剂

饲料添加剂是那些在常用饲料之外,为某种特殊目的而加入配合饲料中的少量或微量物质。传统意义上(广义)的饲料添加剂包括营养性和非营养性添加剂,其中营养性添加剂按新的饲料分类系统归入各类饲料中。所以,这里涉及的饲料添加剂,实际上全部是指非营养性物质。在这类添加剂中包括很多类产品,能够对养狍业产生较明显影响的有驱虫保健剂,防霉、防腐添加剂,调味、增香、诱食剂(诱导仔狍开食等)以及一些酶制剂、中草药添加剂等。这方面的工作还不完善,但对养殖业(养狍)无疑具有重大作用。

四、狍饲料的加工与调制

(一)粗饲料的加工与调制

1. 机械处理 机械处理包括切短与粉碎等。粗硬而长茎的干草和秸秆,狍直接采食会造成较大浪费,采用切短与粉碎的方法,可以减少抛撒过程的浪费,提高狍的采食量和利用率。但过分切短则对狍采食后的反刍不利。因为过短的饲料通过瘤胃速度过快,使粗饲料得不到瘤胃中微生物的充分分解而降低消化率,所以狍的粗饲料一般切短为 2～3 厘米长为宜。

2. 化学及微生物处理 化学及微生物处理包括碱处理、氨处理及微生物处理等。

(1)碱处理 用氢氧化钠、氢氧化钾及氢氧化钙等溶液喷浸秸秕类粗饲料,经处理后其植物细胞壁松软膨胀,出现裂隙,可发生酚、糖、醛和木质素间的酯键皂化反应,部分木质素发生溶解,一些与木质素有联系的营养物质如半纤维素被分解出来,从而提高秸秆的营养价值。

目前应用较为广泛的是经改进的氢氧化钠处理法,即按每吨秸秆用 300 升 1.5%氢氧化钠溶液进行随拌随喷,然后堆置数天经熟化后,使碱被自然中和后再饲喂狍。此法方便易行,不需用水冲洗。经此方法处理后,秸秆的有机物质消化率可提高约 15%。

(2)氨处理　用氨水、尿素等能产氨的物质对秸秆进行处理称为氨处理。氨处理既可具有碱处理的作用(对木质素的作用效果比氢氧化钠差些),同时又能够提供狍需要的非蛋白氮,供瘤胃微生物所用,也就是起到强化蛋白质的作用。秸秆经氨化处理后,颜色变成棕褐色,质地柔软,狍的采食量可增加,干物质消化率可提高 10%左右。

氨处理的原则是秸秆应含水 15%～20%,放在密闭的容器或大的塑料罩中通入或均匀洒入氨水。氨量占秸秆干物质的3%～3.5%为宜。封闭处理时间为 1～8 周不等,根据处理温度而定(例如,气温低于 5℃,需 8 周以上;5℃～15℃需 4～8 周;15℃～30℃,需 1～4 周)。饲喂前要揭开薄膜晾1～2 天,使残留氨气充分挥发掉。

(3)微生物处理　即利用某些具有分解粗纤维、木质素的细菌或真菌等,在一定条件下使这些物质分解并产生糖和菌体蛋白,从而提高饲料的营养价值。目前这方面工作尚处在探索阶段。据有关报道,已发现一类既能分解木质素又不过多消耗纤维素的真菌。若能应用于生产中,则具有重大的实际意义。

(二)能量饲料、蛋白质饲料的加工与调制

1. 磨碎与压扁　大麦、燕麦和水稻等子实的壳皮坚实,不易

透水,如果整粒喂狍则容易发生一部分饲料未被消化而整粒随粪排出,造成不必要的浪费。采用磨碎、压扁等方法可减少上述现象发生。对狍而言,磨碎程度应适当,如磨成面粉状则其适口性及消化率反而下降。一般粉碎后饲料的颗粒直径以 1～2 毫米为宜,且粉碎后的饲料不宜作长期保存。

2. 浸泡　浸泡主要用于豆类、油饼类饲料及一些其他坚硬的子实。饲料经水浸泡,吸收水分,膨化,柔软,容易咀嚼,便于消化。浸泡时间长短,应随季节及饲料种类的不同而异。气温低浸泡时间可长些,反之则短些。

3. 蒸煮与焙炒　这两种方法的目的主要是提高饲料的适口性和消化率。饲料经焙炒后,适口性大为增加,可作为狍的诱食饲料。

4. 制浆　在养狍中,将黄豆用水浸泡后磨成豆浆,是一种应用较为广泛的方法。将豆浆制好后加热至熟(黄豆中含有有害的抗胰蛋白酶,加热可破坏之)拌入精饲料或者直接饲喂,每只狍每天喂量为 20～30 克,大豆磨出的豆浆,分数次喂给。

5. 糖化　糖化饲料是将富含淀粉的谷物饲料粉碎后,经过饲料本身淀粉酶的作用进行糖化,使子实饲料中一部分淀粉转化为麦芽糖。饲料糖化后带有酸、香、甜味,改善适口性,消化率也有所提高。饲料糖化方法是将 1 份饲料与 2～2.5 份 80℃～85℃ 的热水充分搅拌混合成糊状。混均匀后的温度为 60℃～65℃,保持 2～4 天,经饲料中的淀粉糖化酶作用,使饲料的含糖量及适口性得以提高。另外,为使糖化过程更加充分,还可在饲料糖化过程中加入相当于干料重量 2％ 的麦芽曲。

饲料经糖化处理后不宜久存,通常贮存时间不宜超过 10～14 小时,天气炎热则更应缩短。糖化饲料存放时间过长容易引起酸败变质,如遇到此种情况应坚决抛弃,以免饲喂后造成狍消化道疾病,导致更大损失。对蛋白质含量高的豆类子实和饼类,则不宜糖化。

6. 制粒 制粒是采用机械（如制粒机）将粉状（或含有细小颗粒）配合饲料、混合饲料、草粉等在一定湿度和较高温度下,将饲料经混匀后挤压并制成颗粒状饲料,简称颗粒料。

颗粒料在水产养殖业应用最为广泛,近年来颗粒料对肉鸡、仔猪饲养业也起到了巨大作用。反刍动物的颗粒料加工业也有一定的进展。麦麸饲料制粒后,其糊粉层细胞经制粒过程中的蒸汽处理和强力的挤压后,细胞壁破裂和细胞内的部分养分释放出来,有利于狍对其进行消化和吸收。干草经粉碎制粒后由于减少浪费,相应地提高了利用效率。

除上述几种方法外,还有一些地区在饲料加工中采用发芽、发酵以及将苜蓿与麦秸按上下层铺好进行的"碾青"处理等。

(三)青贮饲料的加工制作

1. 青贮饲料的特点 青贮饲料之所以能够被广泛应用于畜牧生产,各反刍动物（包括狍）养殖场都必备,而且在饲料分类系统中占有一席之地,是因为它具有以下特点。

(1)青贮饲料能有效地保存青绿植物的营养成分 青绿植物被青贮后其营养物质的损失只有 3%～10%,而在成熟和晒干之后,其养分损失可高达 30%～50%。

(2)青贮饲料有良好的适口性 青贮饲料不需要像制作干草那样的脱水过程,故青贮饲料保存原饲料的鲜嫩汁液,同时由于乳酸菌的发酵,使制作好的青贮饲料具有酸、甜及醇香的味道,反刍动物非常爱吃。

(3)利用青贮饲料可扩大饲料来源,提高饲料利用效率 除栽培青饲料及块根、块茎外,各种无毒的野草、野菜树叶等在秋季可大量收集并制成青贮饲料,既开辟饲料来源,也丰富饲料多样化供应。

（4）**青贮饲料可长期保存**　青贮饲料可以进行长期保存，并使全年饲料的供应均衡化，制作好的青贮饲料，如管理得当，可长期保存。其品质可保存数年不受影响。

2. 青贮的种类与制作原理

（1）**普通青贮（含水 65％～75％）**　空气中具有多种微生物，包括乳酸菌、真菌以及一些腐败菌等与饲料工业关系密切的菌类，这些微生物附着在青贮原料上。其中乳酸菌对青贮有利而其他杂菌可能有害。根据乳酸菌在厌氧、湿润条件下能够大量繁殖、生长，产生乳酸，而其他大多数有害菌类嗜氧及不耐酸的特点，将待制的青贮饲料原料置于厌氧的环境中，使得乳酸菌能够大量繁殖，将饲料中的部分淀粉和可溶性糖变成乳酸，当乳酸积累到一定浓度后，真菌和腐败菌进一步活动使乳酸菌数量继续增加，当饲料的 pH 值达到 4～4.2，乳酸菌的活动也被抑制，从而可使饲料在酸性、厌氧环境中长期保存。

（2）**低水分青贮**　低水分青贮也叫半干青贮，它兼有干草与青贮饲料两者的特点。青贮原理是：当青饲料收割后，经风干使水分降至 40％～55％，此时植物细胞的渗透压高达 55～60 个大气压，对腐生菌、酪酸菌和乳酸菌等可造成生理干燥状态，使其生长增殖受到限制，各种微生物的活动都很微弱，蛋白质分解很少，有机酸的形成也很少。虽然某些微生物如真菌等此时间可大量增殖，但在切短压实的情况下，只要封埋严密、不漏水、不漏气，在厌氧环境中，其活动也会很快停止。

此种方法无须乳酸菌大量繁殖，故饲料中可溶性碳水化合物含量多少对其影响不大，一般青贮中可溶性碳水化合物在贮前其含量为 3％以上即可进行低水分青贮，从而扩大了原料范围。对用普通青贮方法不易制作的豆科牧草也能够很好地进行青贮。

（3）**混合青贮**　混合青贮是指将不同科的青饲料同时加工后混合，放入同一青贮塔（或窖、沟）中同时进行处理。例如，将豆科牧草与禾本科牧草混合青贮,或添加富含碳水化合物的原料青贮等。

豆科牧草与禾本科牧草混合青贮,合适的比例为1∶1.3。豆科牧草添加碳水化合物原料青贮,可添加玉米粉、大麦粉或麦麸2%~4%,亦可添加马铃薯5%~10%。在含水量高的牧草中,可加入玉米粉、稻秸粉或麦秸粉,添加比例按其重量7∶1为宜。

(4)外加剂青贮 外加剂青贮主要包括加酸青贮、接种微生物(主要为乳酸菌)青贮及添加酶制剂青贮等。

①加酸青贮(化学青贮) 对一些较难青贮的饲料,定量添加无机酸(硫酸)、有机酸(甲酸、丙酸)、混合酸等抑菌剂,使饲料pH值迅速降至4以下,抑制腐败菌及真菌的活动,达到保存青饲料的目的。

加酸青贮的料与酸的比例为1 000千克青贮原料中加入85%的甲酸2.85千克,或90%甲酸4.53千克。加酸处理的青贮饲料的颜色鲜绿,有香味,品质好,蛋白质损失更少(损失仅0.3%~0.5%),胡萝卜素和维生素损失也较少。

②接种乳酸菌青贮 为加速青贮饲料中乳酸菌的增殖,抑制其他有害微生物的繁殖,提高青贮品质,可向青贮饲料中加入人工培养的纯乳酸菌发酵剂,或乳酸菌与酵母菌培养制成的混合发酵剂,如市场上销售的各种"微菌剂"等。其添加量一般为每吨青贮饲料中加入0.5升乳酸菌培养物或450克乳酸菌制剂,或按所购微菌剂的说明添加。

③添加酶制剂青贮 酶制剂可使青贮饲料中部分二糖和多糖水解成单糖,有利于乳酸菌发酵,保持青饲料的特性与养分,提高青贮饲料的营养价值。酶制剂由黑曲霉、米曲霉等浅层培养物浓缩而成,主要含淀粉酶、糊精酶、纤维素酶、半纤维素酶等。一般按青贮原料的0.1%~0.25%添加即可。

3. 青贮设备 青贮设备主要包括加工设备和贮存设备(设

施),其加工设备主要包括青饲料联合收割机、青饲料切碎机、压实设备及青贮塔装卸机械等。青贮设备种类和型号很多,可根据本场实际生产情况选择购置。贮存设备主要包括青贮塔或青贮窖(或沟),仅就青贮的贮存设备作简单的介绍。

(1)青贮塔 一般为用砖和混凝土修建而成的圆形塔,内壁用水泥抹平。在上、中、下各开 1 个窗口,便于存取青贮饲料。青贮塔的大小与高低,要根据饲养群大小、冬春季节的长短以及其他青绿饲料供应情况而定。原料的种类不同,单位容积青贮饲料的重量亦不同。每立方米玉米秸秆青贮饲料重约 500 千克,青草、菜叶制成的青贮饲料可达 600~650 千克,甘薯蔓青贮料约 600 千克。在青贮发酵过程中,原料下沉 10%~20%。因此,每立方米的青贮饲料实际需要 1.1~1.25 立方米的容积。

青贮塔是永久性的建筑物。要建在离狍舍较近的地方,取运要方便。建筑的地势要高燥,易排水;建筑物要结实,不透气,不漏水,不导热,经久耐用。对于比较高的青贮塔,为防止装满青贮后压力过大发生崩裂,可在青贮塔上加设加固栏(防护圈)。青贮要建在地下水位低的地方。

(2)青贮窖 相对于青贮塔而言,青贮窖具有经济、方便,容易建造的优点。青贮窖的种类和样式比较灵活。按形状分有圆形、长方形等,按位置分又有地上、地下及半地下等多种形式。青贮窖的位置高低,主要取决于当地的地下水位和土质情况而定,要求青贮窖底的高度应高于地下水位 0.5 米以上。长方形青贮窖的内壁要有一定斜度,上口大,底口小,呈梯形,以防窖壁倒塌。建青贮窖要求远离河沟、池塘、树根等,以防漏水、漏气或造成塌方。

4. 青贮饲料的调制方法和步骤 制作青贮饲料是一项时间性很强的工作,其收割、运输、切短、装窖、踩实、封窖、周围压实等步骤必须连续进行,一次完成。否则,影响青贮的质量,甚至失败。

(1)收割 青贮原料要适时收割。常见的青贮原料的收割适

期是：密植青贮玉米在乳熟期，禾本科牧草在抽穗期，豆科植物在
开花初期，甘薯藤在霜期前，野菜在生长旺盛季节，这时原料的营
养成分和产量都高，且水分含量适宜，可随割随贮。

（2）运输　割下的青贮原料若在田间存放时间过长，则会因水
分蒸发、细胞呼吸作用和掉叶，造成养分的损失。因此，青贮原料
要割、运、加工、贮藏连续进行。

（3）切碎（切短）　为便于装填、踩紧压实和乳酸菌发酵，青贮
原料必须切短。原料经过切短后，可以迅速排出一部分汁液，有利
于乳酸菌发酵生长。同时，装填时容易踩紧，开窖后取喂也很方
便，并有利于狍的采食。切短的程度主要根据原料种类而定，对狍
而言，青贮原料一般切成 2～3 厘米长。含水量多、质地细软的原
料可以切得稍长些；而凋萎的干饲草和空心茎的饲草可切得短些。

（4）装窖（装填）　装填之前，先在窖底铺上 15 厘米厚的垫草。
然后将切短的原料迅速装入窖内，尽量避免原料在窖外暴晒过久
造成水分的过多损失。饲料进行青贮时其水分含量非常重要，水
分过多，会使青贮料的酸浓度不足，好氧的酪酸菌容易大量繁殖，
使青贮腐败霉变发臭不能食用。水分不足，则原料难以压实，原料
积聚空气过多，杂菌活动旺盛，氧化作用加强，造成养分损失过多。
普通青贮的含水量以 65%～75% 为宜。在青贮现场检查饲料水
分是否合适的简易方法是用手紧握原料，手指缝露出水珠而不往
下滴为合适。

如有 2 种以上原料混合青贮时，应将切短的原料混合均匀后
再装入窖中。

青贮装填时应随装随踩，每装 30 厘米左右踩实 1 次，尤其是
窖的边缘，踩得越实越好。如当时不能 1 次装满全窖，可以装填一
部分后立即在原料上面盖上一层塑料薄膜，窖面盖上木板等重物，
翌日继续装填。

在装填大型青贮窖时，用履带式拖拉机进行压实。注意不要

让拖拉机带进泥土、油垢、金属等异物。在拖拉机压实完毕后,对青贮窖的边角等机械压不到的地方仍需人力踩踏或夯实。

(5)封窖(密封和覆盖) 因青贮料在制作的最初几天,填装好后会发生下沉现象,故装填时应高于窖的边缘30~50厘米(可在青贮窖四周用木板围好,2~3天青贮料下沉后除去木围板)。

覆盖时可先盖一层细软的青草,草上再盖一层塑料薄膜,并用泥土堆压靠在草贮窖(或沟)壁外,然后用适当的盖子将其盖严。也可在青贮上先盖一层塑料膜,或铺上3~5厘米厚的软青草或铺上15厘米厚的湿麦草或稻草,然后再在上面覆盖一层40~50厘米厚的湿土,并很好地踏实。对无棚顶的青贮窖,窖顶的泥土必须高于青贮窖的边缘,窖顶形成馒头形。封埋后1周内,必须经常检查窖顶,发现下陷、裂缝,应及时修补封严,防止雨水、空气进入窖内。

5. 青贮饲料的开窖取用及注意事项

(1)开窖时间 青贮原料封窖后,一般经过40~50天便可开窖取用,此时饲料已发酵成熟,具有青贮饲料的各种特性。

(2)取用方法 取用时,圆窖自上而下逐层取用;长方形窖则先打开一端,逐段取用,不可掏洞取料。要随用随取,保持新鲜,以免浪费。每取用1次后,应随即用草帘等将窖口盖严以免饲料霉烂、冻结或掉进泥土。青贮取用时若发现有发霉或腐烂的应仔细拣出抛弃。

(3)饲喂方法 用青贮料喂犯,初期喂量不宜过多,同时可拌入些精饲料,以后逐渐增加喂量。由于青贮料含有大量有机酸,有轻泻作用。因此,母犯妊娠后期不宜多喂,特别是产前15天应停喂。

(4)青贮饲料的品质鉴定 青贮饲料的品质鉴定,有感官鉴定和实验室鉴定。感官鉴定方便易行,现场普遍采用。

①感官鉴定 根据青贮饲料的颜色、气味、口味、质地、结构等

指标,根据经验主观地感觉评定其品质好坏的方法称为感官鉴定。感官鉴定的主要指标分述如下。

颜色:颜色因原料与调制方法的不同而异。青贮饲料的颜色以越近似原料颜色越好。品质良好的青贮饲料呈绿色或黄绿色;中等的呈黄褐色;低劣的呈褐色或黑色。

气味:正常青贮有一种酸香味,以带有酒糟香气,并略具水果弱酸味为佳;若酸味强烈则表明醋酸(乙酸)含量较多,品质较次,若霉烂腐败并带丁酸味,则不宜再饲喂动物。

质地:良好的青贮饲料在窖内压得非常紧密,但拿到手上又很松散,质地柔软而略带湿润,茎叶仍保持原状;反之,若茎、叶黏成一团或烂如污泥,或是质地干燥、粗硬,则表示水分过多或过少,品质不良。

②实验室鉴定 指用实验仪器、设备、试剂等对青贮饲料品质进行的客观测定。实验室鉴定包括青贮饲料的氢离子浓度(pH值)、各种有机酸含量、微生物种类和数量、各种营养物质含量变化以及可消化营养物质的变化等。其中以 pH 值测定较为普遍。

优质青贮的 pH 值应在 4.2 以上(氢离子浓度大于 63 微摩/升),当 pH 值为 5~6(氢离子浓度 1~10 微摩/升)时,则青贮饲料质量较差。实验室测定氢离子浓度可用酸度计,生产现场则可用精密 pH 试纸进行测定,简单方便。

第六章 仔狍的生长发育与饲养

一、培育仔狍的目的和意义

仔狍是养狍场发展的后备力量,直接关系到狍场未来的发展壮大。若要长期保持良好的生产水平,就必须在饲养好生产狍、种狍的前提下,源源不断地向狍群提供新生力量,淘汰老弱病残狍,保持和提高群体的生产水平,这就是仔狍生产的目的。根据仔狍的生长阶段的不同,可将仔狍分为哺乳仔狍、断奶仔狍和育成狍3个阶段,每一阶段都各有其生理特点。仔狍既已出生,其遗传潜力在受精时期就已确定,但了解和掌握仔狍生长发育的规律,采取科学饲养管理措施,充分发挥仔狍的遗传潜力,促使仔狍向着理想型生长发育,才能够培育出体健、高产的理想狍群,为养狍场的生产和经营创造良好的经济效益。

二、仔狍的生长发育规律

仔狍的生长发育规律与其他动物基本相同。机体组织也是按神经、骨骼、肌肉、脂肪的次序逐步发育。但狍属于反刍动物,仔狍体重的变化特点有一定的规律性。初生仔狍相对生长速度最快,随着月龄的增长,其相对生长速度下降。在体型变化方面,初生仔狍保留了野生状态下的特点,即在出生时身体骨骼呈"高方型",以便生后能够迅速跟上狍群迁移或奔跑,避免离群或被肉食性天敌伤害。仔狍出生后,其体尺在各部位的生长强度也不一致。一般规律为体长生长速度要高于体高生长速度,而体宽特别是后躯宽度发育较慢。

(一)仔貂生长过程毛色变化规律

刚出生的仔貂毛色为暗棕黄色,自颈部到身体两侧分布为2～3排不规则的白色斑点,这些白色斑点在生后的8～10周逐渐变暗。在翌年4月中旬,开始首次脱冬毛、长夏毛,公貂5月中旬换毛结束,母貂5月末换毛结束。换毛顺序从颈部开始,依次为颈部→身体及两侧→臀部→四肢。换毛后的育成貂身体上白色斑点完全消失。

(二)仔貂在生长过程中牙齿变化规律

1. 仔貂牙齿到成年貂牙齿的生长变化过程 仔貂在出生时的齿式为(0130/4030)×2＝22枚,成年貂的齿式为(0133/4033)×2＝34枚。

2. 切齿和龋齿的乳齿脱换过程 切齿和龋齿的乳齿6～7月龄开始脱换,8～9月龄完成。脱换的顺序依次为中央切齿→两侧切齿→龋齿(也有人认为貂的龋齿是变形的犬齿)。

3. 后臼齿生长变化过程 第一后臼齿(上、下颌)2月龄开始生长,3～4月龄完成;第二后臼齿(上、下颌)6～7月龄开始生长,8～9月龄完成;第三后臼齿(上、下颌)12～13月龄开始生长,14～15月龄完成。

4. 前臼齿乳齿脱换过程 12月龄开始脱换,14月龄完成。脱换的顺序依次是上颌第一前臼齿和下颌第三前臼齿,上颌第二前臼齿和下颌第二前臼齿,上颌第三前臼齿和下颌第一前臼齿。

(三)仔貂生长过程中体尺变化规律

由表6-1数据可以看出,貂从出生到成年的生长过程中,身体的不同部位增长率不同,身体各个部位的增长率由高到低的顺序依次是臀高(144.74%)→肩高(139.19%)→体长(132.89%)→胸围(100%)→腰围(93.1%)。由此可知,仔狍在生长发育过程中身体的体型发生了变化,仔狍出生时四肢短、胸围和腰围粗、体胖;狍到成年后明显出现四肢变长、胸部变窄、腰部变细的成年体型。

表 6-1   仔狍生长过程中体尺变化

	体　长 (厘米)	肩　高 (厘米)	臀　高 (厘米)	胸　围 (厘米)	腰　围 (厘米)
出生仔狍	52	37	38	29.5	29
成狍(14 月龄)	121.10	88.5	93.0	59.0	56.0
增长率(%)	132.89	139.19	144.74	100	93.10

(四)仔狍的体长与体重关系

测定仔狍自出生到 12 月龄的体长与体重数据,每月测定 1 次,计算每月测定的数据平均值,利用 SPSS10.0 统计软件处理,绘制其生长过程中体长与体重拟合曲线(图 6-1)和拟合曲线方程是:

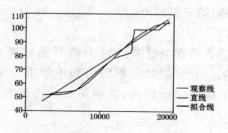

图 6-1   仔狍的体长与体重关系

$$Y=63.108\ 4-0.007\ 0x+1.1e^{-6}x^2-3e^{-11}x^3$$

［Y 代表仔狍体长估计值（厘米），x 代表仔狍的体重（克），Pearson 相关系数 r＝0.946、双尾概率 sig(2-tailed)＝0.000**、F＝46.7］

（五）仔狍体重增长规律

仔狍自出生到生后 4 个月龄这一阶段，生长发育比较快，体重随着月龄的增加呈快速增长的状态；仔狍自出生后 5～9 个月龄阶段，仔狍的体重随着月龄的增长呈缓慢发育状态，此阶段仔狍的体重增长处于相对稳定时期；仔狍自出生至 9 个月龄阶段，仔狍的体重增长与性别之间的差异不显著；仔狍自 10～12 个月龄，又出现 1 次体重快速增长阶段。在此生长阶段中，公狍的体重增长明显高于母狍的体重增长（图 6-2，图 6-3，图 6-4）。

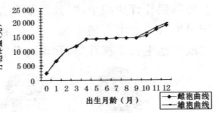

图 6-2 仔狍累积生长曲线

狍在野生条件下，仔狍 5～9 月龄阶段，恰逢是野生条件下的冬季饲料缺乏季节。仔狍的体重增长处于缓慢发育稳定时期，而受配的雌狍处于胚泡滞育阶段，这可能是狍在野生环境中长期自然选择的结果。

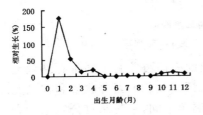

图 6-3 仔狍相对生长曲线

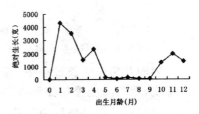

图 6-4 仔狍绝对生长曲线

(六)狍的茸角生长规律

狍的茸角每年脱落和生长 1 次,且它的茸角脱落和生长都发生在冬季。在野生状态,狍在此时恰逢饲料比较缺乏,饲料品质较差的季节。

公狍出生 9 个月龄后,在它额顶部的头皮旋处生长 1 个很小的突起,形成生长茸角的基础——角基,而后在角基上逐渐生长 1 个很小的独角茸,继续生长后,这个独角茸最后完全骨化,形成初角。骨化的初角于翌年早春脱落,开始生长第一副茸角。偶尔有些特别强壮育成狍个体,如果栖息在特别优越的生活环境条件下,于出生后的翌年也能生长 3 杈茸角(单侧茸角)。在一般情况下,育成公狍生长 2 杈茸角、独梃茸角极为普遍(图 6-5)。

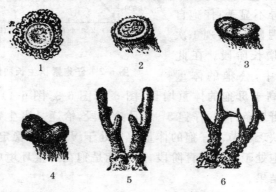

图 6-5　狍的茸角构造

1. 骨化花盘　2. 脱盘　3,4. 新茸生长　5. 狍茸　6. 骨化角

狍的茸角在生长过程中,茸角的表面覆盖有一层带有细茸毛的茸皮,茸角的血管和神经提供保证其生长的营养物质和神经支配。狍的茸角与其他反刍动物的洞角不同,它是来自公狍额骨表面形成的角基,每年周期性的脱落 1 次。而洞角中央是空的,且与

颅腔相通,终身不脱落。年龄小的公狍通常在每年的 3～4 月份生长茸角,年龄较大的公狍在每年 1～2 月份生长茸角,当长日照(光照时数 12 小时以上)信号刺激作用时,引起体内血浆中的睾酮水平升高,导致机体通过血液对茸角供应营养物质的中断,致使茸角表皮和茸毛干枯萎缩,茸皮开始破裂脱落,茸角骨化为坚硬的骨角,进而成为秋季发情配种期争偶角斗的武器。在野生条件下,每年春季公狍用骨化角摩擦树皮,蹭掉茸角破裂的表皮。因骨化角黏有摩擦的树皮汁液,由原来的白色变为黄褐色。此期在野生状态下的公狍对生活区域的树木、植被有很大的破坏作用。

公狍的茸角生长主要与体内的性激素(睾酮、雌二醇)密切相关。如果公狍的睾丸被破坏,导致公狍体内的两种性激素不能形成正常的对立统一体系,就会导致公狍的茸角终身不发生骨化变硬,也不会发生年周期性的脱落。

成年公狍的典型茸角形态结构为近似等长分枝 3 杈,即主干(顶枝)、眉枝(第一分枝、在眼眉的上方)、背枝(第二分枝、向背方向)。茸角和额骨相连部分是狍的生茸基础——角基,角基与茸角主干连接处有一覆盖珍珠样结节的突起结构——称为珍珠盘,角基的形状和高低与狍的年龄关系密切,狍的年龄越小,角基越细越高;相反狍的年龄越大,角基越粗越短。随着狍的年龄逐渐增大,角基逐渐变短,直到最后完全消失在额骨上,此时的公狍丧失了生长茸角的能力。

公狍的茸角生长的优劣与饲养条件、健康状况、年龄等因素有关。即使是一只优良的成年公狍,如果在饲养条件很差、饲料品质低劣的条件下,也会生长一副很小的狍茸;但翌年生活在饲养条件较好的环境中,又会生长一副很好的狍茸。成年公狍在每年的 11～12 月份脱去骨角、生长新茸,年龄大的公狍比年龄小的公狍脱角长茸早。年龄大的公狍角基变粗变短,茸角分枝角度大,与原有正常的分枝角度位置出现偏差。有时在茸角的虎口(主干和分枝的连接处）呈现轻微的手掌状，这种公狍基本到了利用年限的终点。偶尔在群体中发现，年龄过大的母狍有时也会生长很小的角基，甚至能生长一副很小的茸角，这主要是因为老年母狍体内雌激素分泌失调的结果。

三、仔狍的护理和饲养

（一）仔狍的营养需要特性

根据仔狍的生长发育规律，生长强度大，物质代谢旺盛。对营养物质的需求较多，特别是对蛋白质、矿物质要求较高。生长初期主要是骨骼和急需参加代谢的内脏器官的发育，后期主要是肌肉发育和脂肪沉积。因此，在1～4月龄必须保证营养物质的全价性，提供较高的营养水平，能量蛋白比例适当，钙、磷比例以1.5～2∶1为宜。4～5月龄对营养物质的需要更为强烈，此时应注意供给各类蛋白质饲料，适当增加日粮中禾本科子实的供给量。由于仔狍消化道容积小，消化系统的生理功能弱，因此其对日粮的营养浓度要高，并且要容易消化。采用科学的饲养管理措施，会使仔狍培育收到良好效果。

仔狍生长发育的可塑性较大，饲养管理条件对其体型和生产性能影响也较大。若在仔狍育成期，营养先好后差，则促进早熟组织和器官的发育，抑制晚熟组织和器官的发育，成年后四肢细长，胸腔浅窄，以后很难补偿。如果营养先差后好，则抑制早熟部位的发育，促进晚熟部位的发育，也出现畸形的体型。因此，必须保证营养供给科学又合理。

研究表明，狍育成期精饲料适宜的能量浓度应为17.15兆焦/千克；适宜的蛋白质水平为27.32%；适宜的蛋白能量比应为16.4～17.22克/兆焦。同时，狍育成期精饲料的能量浓度与蛋白

质水平对于蛋白质消化率、能量消化率和粗纤维消化率的互作效
应显著,饲喂低能量浓度或低蛋白质水平的定量精饲料时,其粗饲
料的采食量比饲喂高能量浓度或高蛋白质水平时有所提高,饲料
的蛋白质消化率、能量消化率和粗纤维消化率均随着精饲料浓度
的提高而有所提高。此外,狍育成前期与育成后期比较,前期对日
粮中蛋白质消化率较后期高,对粗纤维的消化较后期低。

不同性别幼狍的蛋白质需要量有所差异,2～4月龄母狍每日
需要可消化蛋白质为24.39克,2～3月龄公狍每日需要可消化蛋
白质27克,断奶后至4月龄每日需要可消化蛋白质45～60克。
幼狍骨骼生长发育迅速,对钙、磷需要迫切,哺乳期每日需钙
4.2～4.4克,磷3.2克,育成期每日需要钙5.5～5.6克,磷
3.2～3.6克。此外,维生素A和维生素D必须满足需要,否则
会出现缺乏症。

仔狍在初生时,瘤胃的容积很小,瘤胃及网胃容积相加只占4
个胃总量容积的1/3,30～40日龄时占58%;3月龄占75%;1岁
时占85%,1岁时瘤胃发育基本完成。瘤胃的充分发育对成年后
能够采食更多的饲料是十分必要的。因此,在仔狍培养过程中应
重视日粮中粗饲料的比例(一般不低于60%),精饲料过多对胃容
积发育不利。

(二)哺乳仔狍的饲养与护理

1. 初生仔狍的护理 初生仔狍的护理工作应在产前进行准
备。母狍产前1周左右乳房开始膨胀。此时就应将其隔离至产房
内单独饲养,并做好分娩的准备工作。产房应有专人值班。母狍
的分娩多在夜间进行,正常分娩的母狍,其仔狍产下后约10分钟
即能自行起立,寻找并吸吮母狍的乳头。母性良好的母狍产后即
陪伴仔狍,并不断舔食仔狍体表黏液等。对这种仔狍一般不需人
工辅助。但有些母狍特别是初产母狍的母性较差,不会护理仔狍。

此时饲养人员应用干布擦干仔狍体表黏液,并使其尽快吃上初乳,仔狍在出生后 10 分钟就能站立寻找乳头,吃到初乳,最晚不能超过 8 小时。仔狍由于某种原因不能自行吃到初乳时,人工哺乳也可收到良好效果。实践证明,仔狍能尽早吃到初乳,体格就比较健壮,成活率高。在出生 1.5～2 小时内吃到初乳的,对仔狍健康无不良影响,超过 10 小时以上的容易引起仔狍体质下降,死亡率上升。初乳中含有丰富的营养物质,特别是含有较多免疫球蛋白和镁盐。初生仔狍对外界环境及疾病的抵抗力很差,能否及时吃到初乳对其影响很大。实践证明,仔狍能尽早吃到初乳,体格就比较健壮,成活率高,镁盐具有轻泻作用。吮吸初乳有利于胎便的排出。

当仔狍吃到 2～3 次初乳后,随时检查仔狍脐带,并用 5％的碘酊棉球擦拭,3 日龄后再做 1 次消毒。仔狍出生后要进行登记、注册,并打耳号(或耳标),以便将来进行生产性能测定及选种、选配等工作时使用。狍耳号的打法,使用特殊的耳号钳按左大右小,上一下三的方式为 100 号以内的狍进行编号,而左、右耳尖的缺口分别代表 200 号及 100 号,左右耳中间的洞分别代表 800 及 400,耳号编法见图 6-6。目前生产中应用较为广泛的另一种耳号标记是耳号夹,它是采用新型塑料或金属薄片将号码刻在其上,然后夹在狍耳上,此种耳号(耳标)记录号码更为方便。规模较大的狍场也可以按年份将狍编号。如 2007 年出生的仔狍,如果出生仔狍数不超过 100 只,则可按 07

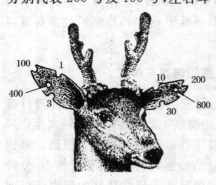

图 6-6　狍的耳号

××四位编码,如超过 100 只,则可按 07×××五位编码,此种编码几乎不受群体大小的限制。此种耳号有时会发生脱落、丢失现象,这是其不足之处。

仔狍出生后的最初几天内,除哺乳外大部分时间是卧着休息,对外界危险尚无自我保护能力。因此,仔狍出生后应及时设立护仔栏,防止其他母狍踩踏、挤压、趴咬仔狍,造成不必要的损失。狍舍应勤消毒,常检查,发现疾病及时治疗。

2. 仔狍的哺乳　仔狍的哺乳分自然哺乳及人工哺乳,在自然哺乳中又分为亲母仔哺乳和养母仔哺乳两种方式。亲母仔哺乳是指分娩母狍直接哺育自己的幼仔。绝大多数母狍产仔后,都会以此种方式哺育仔狍。另有一种方式是仔狍出生后,由于母性不强、母狍无乳、患病或死亡等原因不能吃到亲母的乳汁,或亲母狍乳汁不足时,可将仔狍由具有相近产仔日龄、乳汁丰富或其仔狍死亡的母狍代为哺育,这种方法称之为代养母仔哺乳。选择代养母狍最好选择产后 1～2 天性情温驯母狍代养。代养方法是将代养仔狍送至代养母狍处,如果母狍不趴咬仔狍,而是嗅舔,让仔狍吮乳,经1～2 天,即能代养成功。为提高代养成功率,可在仔狍身上涂抹代养母狍的尿液或其他带有代养母狍气味的物质。采用自然哺乳的仔狍一般都生长发育良好,容易管理。

对于代养不成功的仔狍,则只能采取人工哺乳的方式进行饲养。人工哺乳提高仔狍成活率的关键在于找到质量好的初乳。初乳是母狍在分娩后 1～5 天内所分泌的乳汁,其特点是黏稠,颜色发黄,含有丰富的营养物质及大量免疫球蛋白,且富含蛋白质、维生素 A、脂肪酶、溶菌酶、抗体、磷酸盐和镁盐,对仔狍的健康与发育具有极为重要的作用,同时对仔狍的保成活也极为重要。如果确实没有初乳的母狍,哺喂奶山羊、奶牛的初乳也有一定效果。挤出的母狍初乳或牛、羊初乳应立即哺喂(温度 36℃～38℃),日喂量应高于常乳,可喂到体重的 1/6～1/8,每日不少于 4 次。

人工哺乳的方法是:乳汁经消毒后,对 20 日龄以内的仔狍采用奶瓶吸奶,然后经人工训练 2～3 次,再改用哺乳器哺乳。在人工哺乳过程中要坚持四定:即定质、定量、定时、定温。定质即保证奶品质量,要求奶质新鲜,不酸败,奶中无杂质。定量即狍的日喂奶量为 1～3 日龄 500～800 毫升,4～10 日龄 800～1 200 毫升,11～20 日龄 1 000～1 200 毫升,21～30 日龄 1 200～1 400 毫升,31～45 日龄 1 200～1 500 毫升,46～60 日龄 1 000～1 200 毫升,61～70 日龄 600～900 毫升,71 日龄以后逐渐下降;定时即每昼夜喂奶次数,1～30 日龄 4 次,31～60 日龄 3 次,61～70 日龄 2 次,71～90 日龄 1 次,90 日龄断奶。定温即饲喂时奶温固定在 38℃左右。仔狍每日人工哺乳的次数、时间和奶量见表 6-2。

表 6-2　仔狍每日人工哺乳的次数、时间和奶量　(单位:毫升)

仔狍	第一次喂奶		第二次喂奶		第三次喂奶		第四次喂奶	
日龄	时间	喂量	时间	喂量	时间	喂量	时间	喂量
1～3	5:30	150～200	9:30	150～200	14:30	150～200	18:30	150～200
4～10	5:30	200～250	9:30	200～250	14:30	200～250	18:30	200～250
11～20	5:30	250～300	9:30	250～300	14:30	250～300	18:30	250～300
21～30	5:30	300～350	9:30	300～350	14:30	300～350	18:30	300～350
31～45	5:30	400～450	9:30	400～450	14:30	400～450	18:30	
46～60	5:30	350～400	9:30	350～400	14:30	350～400	18:30	
61～70	5:30	300～350	9:30	300～350	14:30		18:30	
71～90	18:30	250						

人工哺乳应注意以下方面:①15 日龄以内的仔狍每次哺乳完毕后,都必须用手指或小木棍刺激肛门周围,以利于胎便及一般粪便的排出。②1 周龄以内的仔狍,每天必须给饮 2 次温开水,每次给量不超过奶量的 2/3。1 周龄后,可以自由饮用水槽内的凉开水,水槽每天应刷洗 1 次。③供采用的初乳、常乳的牛、羊,要经过检疫,绝对未患结核及布氏杆菌等传染病,否则易使仔狍感染。

④无论是初乳还是常乳,不要加水稀释,弄不好易引起仔狍的消化功能紊乱或营养不足。⑤为了补充代用乳缺乏的某些营养成分,每次哺乳时,可向奶中加入兽用多种维生素 0.05 克、含硒生长素 0.1 克、鱼肝油 0.2 毫升。⑥哺乳的用具每天都应进行彻底的清洗、消毒,使用前再用开水冲洗干净,切勿喂变质的乳汁。⑦仔狍栏内的褥草要勤晒勤换,保持干燥清洁。仔狍栏应定期消毒。仔狍肛门周围黏着的粪便,要随时擦拭干净,保持狍体清洁。⑧要时刻观察哺乳仔狍的精神状态、食欲、粪便、尿液、脐带等情况,发现异常,及时查明原因,以便及时解决。⑨仔狍出生后,一般 7～10 天即可采食些粗饲料。这样,7 日龄后即可往粗饲料栏内投点新鲜苜蓿或青草(新采集的青饲料最好晒 12 小时,使其脱些水分,否则会引起腹泻)。10 日龄后可补饲点精饲料,每日 3 次,喂量逐渐增加。每次喂前都应将饲槽内剩余饲料清理干净后再添新鲜饲料,以防因饲料酸败、污染而引起仔狍腹泻。精饲料的组成有熟化的大豆、豆饼、玉米、麸皮并应加入 2% 的食盐和 2% 的骨粉。⑩仔狍每次哺乳或饲喂时,都应给予固定的信号,如呼叫、口哨等,使其形成条件反射,以利于消化及驯化。⑪如果仔狍整个哺乳期不是一律采用人工哺乳的话,一般人工哺乳 3～5 天,即可将其放入产仔母狍圈舍,找代养母狍哺乳。但是,一定要认真观察该仔狍能否找到代养母狍正常哺乳。否则,还得采用人工哺乳。

3. 哺乳仔狍的补饲与调教

(1)补饲　仔狍在生后 7 天左右开始出现反刍现象。出生后 5～7 天仔狍瘤胃开始发育,并有采食幼嫩枝叶或舔食粪球的现象。因此,在仔狍出生后 5～7 天可在护栏和分娩圈的圈栏上系挂一些幼嫩柞树叶或青草,让其练习采食。15～20 日龄,便可随母狍采食少量粗饲料,可在仔狍保护栏内设仔狍料槽,投喂一些具有香、甜味易消化的精饲料供仔狍自由采食。另外,再添加少量食盐、碳酸钙及仔狍饲料添加剂。混合精饲料需用温水或豆浆调成稀糊状,倒入小槽中饲喂。仔狍补料量不宜过大。要根据仔狍采食情况,防止剩料。同时,注意仔狍料槽卫生,防止仔狍腹泻等疾病。仔狍采食精、粗饲料后,饮水需要量增加,应给予充足、洁净的饮水。青粗饲料自由采食。

表 6-3　仔狍的精饲料配方　（％,兆焦/千克）

饲　料	比　例	饲　料	比　例
玉　米	32.00	粗蛋白质	25.96
大豆粕	26.00	干物质	84.51
大　豆	24.00	总　能	18.22
小麦麸	15.50	钙	0.799
骨　粉	1.500	磷	0.738
磷酸氢钙	0.500	钙/有效磷	1.85
食　盐	0.500	食　盐	0.450
合　计	100.00		

（2）调教与驯化　仔狍出生 5～7 天,饲养员可在补饲中慢慢接近并用手梳理被毛,逐步用声响和呼唤进行调教,建立人与仔狍间亲密的关系。首先可用食物引诱,以哨声为行动的信号。随着仔狍的生长,驯化程度逐步提高和建立的条件反射逐步强化。遇到某种意外情况可能引起"炸群",切忌乱追乱赶,更不能随意用鞭打仔狍,以免造成恶癖,因为狍具有群居的习性,应耐心并及时用信号稳定狍群。

（三）断奶仔狍的培育

从断奶（离乳）到当年年底的仔狍,称为断奶仔狍。断奶有按日龄分批断奶和按生产季节一次性断奶两种方法。按日龄分批断奶一般从 90 天开始断奶,此种方法断奶的仔狍群,日龄相同或相近,体型大小整齐,有利于仔狍的发育,但由于仔狍出生日期的不同,会使整个断奶时间拖得较长,不利于整体饲养管理。在现场常采用一次性断奶方法,即按生产季节一次断奶,在母狍配种季节到来之前将所有仔狍一次断奶,这种方法简便易行,母狍发情较整齐,便于工作安排。但由于仔狍断奶日龄差异较大,早产的为 100日龄左右,晚产的仅40～50 日龄,集中管理很不方便。在生产实践中,可根据仔狍断奶日龄、性别、体质强弱,再将当年的断奶仔狍分成若干个断奶仔狍群,每群 30～50 只,这样做比较合理。

仔狍刚断奶时,常恋母狍,鸣叫不安,精神不振,食欲下降,经3～5 天后才能恢复正常。断奶时一般将仔狍留在原圈舍,把母狍拨走,远离仔狍圈,使母仔相互间听不到鸣叫声为宜。对仔狍来说,断奶是一次生理上的调整。仔狍在哺乳期内虽然经过补饲消化功能得到锻炼,但由于突然断奶的影响,特别是断奶日龄小的仔狍,其消化道功能尚未充分发挥作用,在断奶后的短期内很难完全适应。在配制仔狍日粮时,应选择仔狍在哺乳期喜食的精、粗饲料。

断奶后仔狍的营养需要与日俱增。要注意逐渐增加饲料的喂给量,不可突然大量增加。在粗饲料选择上,要选择清洁的青绿干柞树枝叶、新长出的二茬柔软青干草及多汁根茎(胡萝卜等),适当采食其他青粗饲料如青贮等。在采食精饲料时,刚断奶仔狍仍可按断奶前仔狍同样方法补饲,逐步转为采用育成狍群的饲料种类、数量和饲喂方式。在饲喂次数上,根据幼年狍食量小,消化快,采食次数多的特点,饲喂次数逐渐由多到少。一般在 9 月份以前,每天饲喂 4～5 次精、粗料,夜间补饲 1～2 次粗饲料。10 月份以后饲喂次数逐渐减少至育成狍的日喂次数,即每日 3 次。断奶仔狍精饲料饲喂量见表 6-4。

表 6-4　断奶仔狍精饲料饲喂量　（单位：千克/只）

月　份	8 月	9 月	10 月	11 月	12 月
精饲料饲喂量	0.10～0.12	0.12～0.15	0.15～0.17	0.17～0.19	0.19～0.20

（四）育成狍的饲养管理

出生后翌年（平均月龄 7.5 左右）至有生产能力（即母狍能够配种、妊娠，公狍能够生茸）之前的仔狍称为育成狍（青年狍），是从幼年狍转向成年狍的过渡阶段。此时的狍已经具备了独立采食和适应各种环境的能力，育成狍饲养管理的好坏直接影响以后的生产性能和繁殖能力。

狍在育成阶段，其生长速度很快，一般经 1 年的育成饲养，公狍体重相当于成年公狍的 80％，母狍一般能达到成年体重的70％。

仔狍在育成阶段，精、粗饲料的比例要适当。精饲料比例过高，会影响消化系统的发育，各器官功能减弱，耐粗饲能力较差，特别是对瘤胃的容积发育更为不利，这样在以后生产中需要大量采食饲料时，由于瘤胃容积小，限制了采食量从而也就限制了生产水平的发挥。精饲料比例过低，营养成分满足不了生长发育的需要，造成体质瘦弱，生长发育不良，同样达不到定向培育的目的。

育成狍的粗饲料主要是树叶、青草等青饲料，尤以优质树叶为佳，饲喂量为体重的 1.2％～2.5％。多汁饲料及青贮饲料也是很好的饲料，但在饲喂青贮时要适当控制比例。青贮，特别是一些低质青贮不可多用，否则会给育成狍的瘤胃发育带来不利影响。当青贮饲料水分大于80％时，饲喂青贮饲料占青饲料的比例不要超过 2/3。

在育成狍的管理上，严冬是育成狍所面临的一个问题。在我国的北方冬季十分寒冷，而育成狍身体发育尚未完善，御寒能力较差。因此,除注意从圈舍设计上保温外,须加强饲养管理,如预先加强仔狍和断奶仔狍期的营养水平,使仔狍尽快成长起来。同时,增加育成狍的饲料喂给量,增加育成狍的运动量,增强体质,抗御严寒。

在育成狍的管理中另一个问题是及时分群。育成狍初期一般无配种能力,但随着育成期的推延,一部分育成狍的性功能逐渐发育,在3月底前将公、母育成狍分群饲养(表6-5)。

表 6-5　育成狍日粮量 （单位：千克/只）

性　别	精饲料	粗饲料	
		多汁饲料	青粗饲料
公　狍	0.75~1.0	0.2~0.3	2.0~3.0
母　狍	0.70~0.8	0.2~0.3	1.5~2.5

第七章 成年狍的饲养管理

一、狍的消化生理特点和代谢特点

(一)狍的消化生理特点

1. 狍的基本消化生理行为

(1)采食和饮水 狍的采食速度很快,这种习性是在野生状态下形成的,在圈养条件下仍保持这种特点。在一天中,狍用于采食和饮水的时间仅占一天时间的 10%。狍的舌很发达,表面乳头呈刺状,依靠舌与唇的协调动作将饲料卷入口腔,借助舌、牙齿、口腔的挤压作用和头部牵拉动作把饲料扯断。水是动物生活中不可缺少的,狍每天必须保证足够的饮水,同时要保证水质的洁净,达到饮用水的标准。

(2)反刍 反刍是指反刍动物将饲料采食到口腔后,经过粗略的咀嚼立即吞咽到瘤胃中,当休息时再将瘤胃中的饲料逆呕到口腔,进行细致地咀嚼后再重新吞咽到瘤胃中进行消化的过程。狍一般在采食后 1~1.5 小时出现反刍。狍在反刍时采取俯卧或站立姿势。狍的反刍时间一般较长,一般每天需要 4~7 小时。在反刍动物中,狍胃的结构不如牛、羊、骆驼的胃那样发达,且反刍次数也少。因饲料的种类和饲料含水量等的不同,反刍次数和时间也不同。狍的反刍时间占全天时间的 16.6%~29.2%。仔狍在出生后 3 周左右,即可出现反刍现象。反刍是狍健康的标志,如反刍异常则是疾病的表现。反刍停止则病势严重。

(3)嗳气 嗳气是狍的瘤胃中饲料通过发酵产生大量的气体,

通过食管、口腔嗳出体外的过程。狍平均 1 小时可有 15~20 次的嗳气动作。嗳气是正常生理现象,是健康标志。一般平均每小时嗳气 15~20 次,嗳气减少或停止是疾病的表现。

(4)排粪　狍粪便呈椭圆形或近圆形粪球,褐绿色,每天排粪 8~10 次。

2. 狍胃的消化　狍是反刍动物,体内有 4 个胃,即瘤胃、网胃、瓣胃和皱胃,4 个胃的生理功能协调一致,共同完成胃的消化功能。

(1)瘤胃消化　初生仔狍瘤胃容积很小,其容积仅占全部 4 个胃容积的 23%,2 周龄时也只占 31%(成年动物占74%~76%),此时瘤胃内没有微生物。伴随饲料、饮水或仔狍与母狍相互舔舐,微生物才进入仔狍的瘤胃。仔狍出生后 3 周左右,能采食一些嫩草,出现反刍行为,说明这时瘤胃中已有了一些微生物。

瘤胃容积较大,在瘤胃内存在着极其复杂的微生物群,分为细菌和纤毛虫 2 大类,约占胃液总体积的 3.6%,其中细菌和纤毛虫各占一半。细菌种类多,数量大;细菌消化饲料营养物亦有分工。主要菌有:发酵糖类和分解乳酸的细菌;分解纤维素、分解蛋白质、合成蛋白质、合成维生素的菌类。纤维素分解菌类约占瘤胃内活菌的 85%,其中以厌气杆菌属最为重要,其能分解纤维素、纤维二糖和果酸等,产生甲酸、乙酸等。合成蛋白质的微生物主要是一些嗜酸菌。纤毛虫种类很多,它们都高度厌氧。纤毛虫体内有各种能分解饲料中各营养物质的酶类,如分解糖类的酶系统(如蔗糖酶、α-淀粉分解酶等)、蛋白分解酶类(蛋白酶类)、纤维素分解酶类(纤维素酶等)。这些微生物中含有分解糖类、蛋白质、纤维素的酶类,能分解这些营养物质,产生挥发性脂肪酸(VFA)、二氧化碳、甲烷和氨,并利用氨合成自身的微生物蛋白质供机体利用。瘤胃 pH 值为 6.12±0.25,范围为 5.8~6.6,适于微生物的生存和繁殖。和其他家畜相比,狍瘤胃 pH 值虽在正常范围内,但略显低些。反刍动物瘤胃 pH 值可受多种因素影响，其值可变动于5.8～7。饲喂后 pH 值下降，尤以饲喂高淀粉或糖时最为明显。饥饿时由于挥发性脂肪酸含量降低，pH 值可相应升高。瘤胃内微生物还能合成必需氨基酸和 B 族维生素，一般不会出现必需氨基酸和 B 族维生素缺乏症。

鸵等反刍动物瘤胃内挥发性脂肪酸含量，以及各挥发性脂肪酸所占比例随饲料种类和动物生理状态的不同可发生很大的变化。如喂以干草时，VFA 含量降低，而采食夏季嫩草或淀粉含量较丰富的日粮时，挥发性脂肪酸含量升高。日粮水平低下时，二碳脂肪酸/三碳脂肪酸比例升高，四碳脂肪酸比例下降，且总挥发性脂肪酸水平较低；日粮含丰富的蛋白质时，二碳脂肪酸比例下降，四碳脂肪酸比例上升。日粮中含有较大量淀粉时，三碳脂肪酸比例升高；含可溶性糖很高时，则四碳脂肪酸比例增高。

（2）网胃的消化　鸵网胃消化功能也与其他反刍动物基本相同。被瘤胃消化后的稀薄食糜进入网胃，在网胃内得到进一步消化。网胃内微生物量也很高，饲喂后微生物数量明显增加，对饲料的消化有一定的作用。过去人们认为反刍动物网胃的消化作用是次要的，现在研究发现网胃的消化功能也不可忽视。

（3）瓣胃的消化　瓣胃内的黏膜形成大小不一的瓣片，其表面密布乳头状突起。当食糜经过瓣胃时，粗糙的食物被留在瓣胃片间，在瓣胃的机械性作用下，被进一步磨碎，水分连同细小的食糜则被挤入皱胃，因此瓣胃起着"滤过器"的作用。在瓣胃内仍有一定微生物，对消化其内容物也有一定的作用。

（4）皱胃内的消化　皱胃是鸵分泌胃液的部分，胃液的分泌是连续的，主要成分是盐酸和胃蛋白酶。皱胃消化蛋白质的过程与单胃动物基本相同，无论是在瘤胃中没有被降解的饲料蛋白质，还是瘤胃微生物蛋白，在胃蛋白酶的作用下都被分解为䏡和胨，最后降解为氨基酸。

仔狍皱胃中凝乳酶含量较多,胃蛋白酶含量则较成年狍低,新生仔狍胃液中盐酸含量也较低,因此胃的屏障功能较弱,如果饲养管理不当,就容易发生各种胃肠疾病。随着年龄的增长,仔狍皱胃分泌盐酸能力逐渐增强。

3. 肠的消化吸收

(1)小肠的消化吸收　食糜从胃进入小肠后,立即得到消化液的化学作用和小肠运动的机械作用,大部分营养物质被消化成可吸收的状态,并在这里被吸收,只有不能被消化的和未经消化的食糜才进入大肠。因此,小肠内的消化是消化过程的重要阶段。进入小肠的消化液有胰液、胆汁和小肠液,其内含有多种消化酶类,如蛋白水解酶、淀粉酶、脂肪酶等,这些酶对进一步消化来自皱胃的食糜有重要作用。蛋白质的最终分解产物是氨基酸,碳水化合物的终产物为葡萄糖,脂肪的终产物为甘油和脂肪酸,这些产物都可以在小肠中被吸收。

狍没有胆囊,胆汁由肝脏内粗大的胆管汇集经总胆管直接流入十二指肠,参与消化作用和消化液的分泌调节作用。

(2)大肠的消化吸收　大肠与瘤胃相似,大肠内也含有大量的微生物。因此,大肠内的消化主要是生物学消化,而机械消化和化学消化则很弱,大肠消化的主要是食糜残渣中的纤维素,有15%～20%的纤维素是在大肠中被分解,大肠中的腐败菌还有分解营养物质,生成有害产物的作用。如果发生便秘,则有害物质在体内蓄积过多,吸收后易引起机体中毒。

食糜中的水分主要是在大肠前段被吸收的,随着水分的吸收,大肠内残渣经过不断浓缩形成粪便,借助于大肠后段的蠕动经直肠排出体外。狍的粪便呈圆形或近似圆形,褐绿色。

(二)狍的代谢特点

1. 狍的物质代谢　狍的物质代谢也符合其他反刍动物的代

谢模式。初生仔狍瘤胃发育很不完善,微生物区系尚未建立,因此不能利用纤维素,但乳糖酶分泌量却较大,出生后1周内就能利用乳糖和葡萄糖。当仔狍2月龄左右时,随着瘤胃的发育,微生物区系也逐渐形成。瘤胃才开始向成年动物瘤胃的消化活动过渡。这一生理特点也是仔狍断奶时间的生理依据。

2. 狍的能量代谢 关于狍的能量代谢的研究目前还没有开展,现将国内外学者对白尾鹿等其他鹿科动物的相关研究结果进行引用,供研究借鉴和参考。

(1)基础代谢的季节性变化问题争议 Reter J. Pekings 等(1989)对4头非妊娠和4头妊娠雌性白尾鹿进行了1~8月份基础代谢的测定。非妊娠母鹿基础代谢为357.738千焦/千克体重至372.38千焦/千克体重,平均为364.43千焦。个别的非妊娠母鹿各月平均基础代谢变动于334.748千焦/千克体重至391.2千焦/千克体重,并很少有月或季变化。妊娠母鹿代谢从1月至分娩前呈曲线式增加,分娩后基础代谢平均为361.5千焦/千克体重,与非妊娠母鹿相似。J. Pekings等的报道与过去冬季测得的基础代谢的报道相似,但较过去夏季测得的基础代谢数据明显的低。他们的研究也不支持基础代谢有内在的季节性变化的说法。

(2)代谢过程甲烷能、尿能和体增热的估测 确定一种饲料的净能,除需知道食入的总能外,还需要知道粪、尿、甲烷能和体增热的损失。Mautz等曾经报道,能量损失的平均值约占食入总量的84%,粪以外的其他损失占30%。

二、狍饲养管理的基本原则

(一)饲养的基本原则

1. 以青粗饲料为主,精料为辅 狍属于反刍动物,具有发达的瘤胃。瘤胃内的微生物能够利用某些其他单胃动物不能或很少能分解利用的粗纤维。为降低饲养成本,应根据狍消化生理特点对其进行以青粗饲料为主的饲喂方式。养狍场一般都在狍的饲料中加入一些精饲料,以补充青粗料中某些不足的营养成分,加快生长速度。但精饲料应恰到好处,不可添喂过量。否则,会引起狍的瘤胃运动弛缓、胀气,瘤胃容积发育不良,长期添加精饲料过量,会导致皱胃变位(也称"反刍动物四胃变位"),严重者还会出现血液氨中毒甚至死亡,造成经济损失。因此,应根据狍群的情况、狍的体重、不同季节,适当将其营养不足的部分用精饲料补充。

2. 充分利用饲料资源,合理搭配　狍的食性很广,在野生情况下,狍可吃数百种植物,从灌木、乔木到更矮的苔藓、地衣均可采食。在圈养条件下,各种丰富的农副产品都可作为狍的饲料,如糖渣、酒糟、豆饼、豆渣、菜籽饼等经加工处理后也可作为狍的精饲料,在饲养过程中可以充分利用。

狍在饲养过程中,不同的季节饲料的来源又有所不同,特别是青粗饲料来源变异极大。在夏、秋季节,青草、树叶、青稞等供应丰富;冬、春季则以青贮饲料、干草作为粗饲料的主要来源。不同生长阶段,对饲料的需要也有所不同。公狍在配种期营养需要比一般母狍多;而母狍在妊娠期、哺乳期则对营养有更高的要求。所以,在饲养过程中,应根据饲料资源及狍的营养需要,对狍群的饲料进行合理的搭配,既满足营养需要,又充分利用现有资源,以便获得最大经济效益。

3. 定时、定量饲喂　每天定时、定量地喂给狍多种搭配饲料,可使狍养成良好的采食习惯,并使狍在饲喂期间与其消化液分泌时间上建立良好的反射关系,保证狍身体健康地生长。相反,饲喂次数或饲喂量的突然改变,可引起消化负担加重,导致狍机体不能很好地利用瘤胃的反刍作用,或肠胃内可供给消化的饲料不足,影响饲料的消化吸收。狍饲喂次数一般每天为 3 次,冬季白天每天为 2 次,夜间每天为 1 次;夏季则分早、中、晚各 1 次。

在圈养条件下饲喂时,饲料的添加次序一般为先喂精饲料后喂粗饲料。粗饲料一般应在饲喂后 1 小时左右吃净,根据采食和饲料剩余情况确定下次给料量,避免饲料的浪费和吃不饱。

4. 保持饲料组成的相对稳定　狍的饲料是由青粗饲料为主所构成的,青饲料不耐贮存,受季节性的影响极大,进而影响饲养过程中饲料的季节性变化。夏、秋季节各种青绿饲料如灌、乔木叶及细枝条,青草,青刈,农作物蔓、秧等供应充足,此时狍应以这些青绿饲料为主。当进入秋、冬季以后青绿饲料减少,取而代之的是青干草、落叶、青贮饲料、块根类及补充的精饲料。

狍对饲料的采食具有一定的习惯性,瘤胃中的微生物对其生活环境也有一定的适应性。因此,在增减和变更饲料时,要逐渐进行,使狍的消化功能及瘤胃微生物有个适应的过程。如果加料过急或突然变换饲料,就会增加瘤胃负担,影响消化功能和饲料利用效果,甚至引起胃肠疾病,也容易造成饲料浪费。

这时饲料的变化要逐渐进行,谨防饲料变化过快引起狍瘤胃微生物区系的不适应。特别是秸秆饲料突然增加会造成瘤胃内微生物区系紊乱,引起其蠕动下降,反刍迟缓无力。精饲料添加时可以周为单位逐渐增加。同样,精饲料比例下降时也应逐渐减少,只是其减少幅度可比增加时大些。

5. 充分供应饮水　水是动物生活中必不可少的要素之一,动物体内的绝大多数生物化学反应是有水参加或以水为媒介而完成的。没有食物,动物可存活数周,而离开了水,动物仅能存活数日。狍作为反刍动物,食后饮水量大且次数多。清洁、充足的水供应是每个养狍场都应充分注意的问题。需特别指出的是,夏季饮水时不要在狍剧烈运动后进行,以免"呛水"造成异物性肺炎,影响狍的健康。同时,在冬季要给狍饮温水,防止胃肠道疾病的发生。

(二)管理的基本原则

1. 合理规划布局　依据狍场设计规划,按性别、年龄、健康状况进行合理组织和安排。公狍圈与母狍圈之间的距离根据实际情况可以尽量拉大。这样,可减轻配种季节由母狍发情气味诱导的公狍争偶角斗、互相爬跨造成的伤亡。

狍与其他家畜不同,一是公、母并重,二是带有"野性",所以在管理上要求有一个合理的布局。从整体上讲,生活区、生产区不能混杂,在生产区内公狍舍占上风向,母狍舍占下风向,幼年狍居中,避免配种期发情母狍气味刺激生产群公狍而引起顶斗和伤亡。

2. 稳定饲养人员和技术人员队伍　狍的驯化程度比其他家畜要低些,经常更换饲养人员会不断地给狍群带来不必要的应激刺激,不利于建立人与狍之间的密切关系,在进行日常观察及喂料时容易导致狍群恐慌,造成一些不应有的麻烦。另外,技术人员的频繁更换,很难使养狍场的某些长期性的工作(如配种计划、育种计划、防疫计划及治疗计划)得以一贯执行。

3. 严格执行饲养操作规程

(1)认真检查和观察　每天在上班后和下班前至少进行2次检查和观察,内容包括:圈门、采食、反刍、精神、鼻镜、被毛、粪便、饮水、姿势、步态、眼角、耳状态、呼吸、肷窝及设施和设备等。

(2)按时饲喂精饲料和补饲矿物质饲料　喂前扫净料槽、检查饲料质量;投料应防止"堆"料,给料后观察狍上槽齐整与否、采食时间、速度和程度。

(3)喂饲粗饲料　喂前扫净剩下的饲料残渣,每顿饲喂量应以晚上的等于早晨与中午的和为宜。

(4)圈舍卫生和安全管理　每天适时清扫圈舍,保持环境卫生,出入闩好门;每天饲喂后下班前细致检查1遍防火、防盗、防跑狍工作,并做好和夜班的交接班工作。

4. 严格执行防疫制度　狍在野生状态下具有较强的抗病能力。但也绝不能因此而疏忽大意,一些对偶蹄目动物具有传染性的疾病或一些人兽共患病(如炭疽病、布氏杆菌病、结核病、巴氏杆菌病、体内外寄生虫病等)都会传染给狍,一旦发生大规模传染病则损失是极其惨重的。养狍场必须建立严格的防疫措施和消毒制度,做到定期防疫与临时防疫相结合。养狍场的大门外要设消毒池,饲料和饮水要洁净,人员入场前应消毒。狍舍、运动场及其周围环境都要定期消毒,有条件的养狍场可定期进行检疫。

5. 保持适当运动　狍在野生情况下能得到充分的运动、在圈养条件下运动量往往不足,造成体质下降。运动对种公狍和妊娠的母狍尤为重要。圈养狍每天保证在圈内运动1.5～2小时,对种公狍提高精液品质,并在配种期内保持良好的性欲都非常明显。妊娠母狍适当的运动可使其更顺利地分娩及分娩后保持良好的体况,从而提高狍群的繁殖成活率。对种公狍运动可增加其心血管功能,强健体质,保证其良好生产力。相反,运动量不足,会造成公狍体质下降,也必然会影响其生产性能。

三、公狍的饲养管理

(一)饲养公狍的目的和意义

养狍可以获得狍茸、狍肉等主要产品,当然还可生产很多副产品。养好公狍是种群繁殖的关键。在养狍生产中,公狍对繁殖后代的贡献是显而易见的。由于公、母狍生殖生理上的不同特点,使得在发情期内1头种公狍可配种4～6只母狍。选择遗传性能良好的种公狍进行科学饲养管理,对于保持种公狍身体健康、性欲旺盛,为繁殖更多更好的仔狍,提高狍群的生产水平,有着极为重要的意义。为加快种群的繁殖速度,延长公狍的生产年限和使用寿命,必须合理安排、利用优良公狍,充分发挥公狍的遗传潜力。

(二)公狍生产的阶段性划分

1. 体况的阶段性　春、夏季节植物生长茂盛,饲料来源丰富,多样化饲料给狍提供丰富的营养物质,特别是维生素、蛋白质及能量物质。此时狍营养水平高,毛色光亮,体质强壮,体重及体质增加,这种状况一直延续到秋季配种时达到极点。然后随着配种季节的到来及秋后青绿饲料的减少,体重开始逐渐下降,直到翌年春季。每年11～12月份开始至翌年4月份为公狍长茸期,8月中旬至9月中旬为配种期。

2. 性欲及配种繁殖的阶段性　狍为季节性繁殖动物,伴随着夏末秋初的到来,公狍的茸角已完全骨化,此时公狍由无性欲状态逐步转为性欲活动旺盛期,这一阶段持续期约为1个月(狍主要集中为8月15日至9月15日)。在此期间公狍争偶角斗,最后1只优胜者为"狍王"。配种期过后,公狍的性欲逐步减弱以至消失。

根据公狍在不同季节的生理变化、营养需要特点和代谢功能变化规律,从饲养管理角度将其划分为配种期、恢复期、生茸期和配种前期。由于生茸期基本上处于冬季,因此亦称为越冬期。

3. 生茸的阶段性　成年公狍每年1～2月份为长茸期,年龄小的公狍每年2～3月份为长茸期。此阶段在我国北方天气寒冷,恰逢冬季饲料缺乏的时期。

(三)公狍不同阶段的饲养管理

1. 配种期的饲养管理(8月初至9月末)　狍配种期主要集中为8月15日至9月15日,此期公狍的性腺(睾丸)从不活跃状态逐渐变得活跃,并产生一定数量的性细胞,性欲也从无到有并迅速达到性欲旺盛阶段。此时公狍的食欲有所下降,争偶角斗,体能消耗较大,体重逐渐下降。参加配种的种公狍每天交配2～3次,15

天体重就下降达 10%～20%。并非所有公狍都参加配种,对种用和非种用公狍应该区别对待,给予不同的饲养管理。

(1)种公狍饲养管理 种公狍负责配种任务,在选择上,应选择那些茸角生长快,产茸量高,体型大而体质健壮,精力充沛,性欲旺盛的公狍作为种用。由于此期公狍将绝大部分精力用于寻找发情母狍、争偶角斗和配种,造成食欲下降,消化能力减弱甚至消化功能紊乱。在配种期间应对种公狍加强管理,提高营养水平,以便公狍有较充足的营养物质摄入,减少公狍因配种导致的营养不良,减少公狍因配种引起的体重和体质下降,保证种公狍按配种计划顺利完成配种任务,同时能够顺利而安全地度过配种期,公狍配种期精饲料组成见表 7-1。

表 7-1 种公狍配种期精饲料组成及营养水平(%) (千焦/千克)

饲　料		营养水平	
玉　米	34.14	粗蛋白质	23.72
大豆粕	28.36	干物质	84.48
大　豆	18.00	总　能	17.19
小麦麸	25.00	钙	0.779

续表 7-1

饲　料		营养水平	
骨　粉	1.500	磷	0.778
磷酸氢钙	0.500	钙/有效磷	1.859
食　盐	0.500	食　盐	0.490
合　计	100		

在饲料调配上,要着重提高饲料的适口性,在确保饲料营养物质的基础上力求多样化。根据配种期公狍喜食一些甜、苦、辣或含糖及维生素丰富的青绿多汁饲料的特点,在粗饲料中选择一些瓜

类、胡萝卜、白萝卜、大葱和甜菜、青贮玉米、青草饲喂公狍。某些饲料如青刈大豆、胡萝卜、大麦芽、大葱和青柞叶等优质饲料,除具有营养价值外,对公狍催情和维持良好的性欲也大有好处。配种期精饲料是必不可少的,精饲料要求易消化,能量充足,蛋白质丰富,营养成分平衡。必要时可在精饲料中加入添加剂,精饲料日饲喂量 0.25~0.3 千克。秸秆等青粗饲料的日饲喂量为 1~2.5 千克。研究表明,成年公狍配种期精饲料较适宜的蛋白质水平为23.73%、能量浓度为 17.19(兆焦/千克),为保证公狍安全越冬及狍茸正常生长发育,成年公狍配种期每只狍每天需要供给可消化蛋白质 53.69 克、可消化能 38.03 兆焦,狍营养物质食入量及其消化率见表 7-2。

表 7-2　狍营养物质食入量及其消化率

食入营养物质量		营养物质消化率(%)	
干物质(克)	253.5	干物质	72.90±1.34
粗蛋白质(克)	71.15	蛋白质	75.45±2.31

续表 7-2

食入营养物质量		营养物质消化率(%)	
可消化粗蛋白(克)	53.69	能　量	73.75±0.78
总能(兆焦)	51.57		
消化能(兆焦)	38.03		
钙(克)	2.34		
磷(克)	2.34		

　　(2)非种公狍饲养管理　非配种公狍饲养目的为降低其性欲,减少争斗、避免伤亡,并为安全越冬做好准备。为此,在配种季节开始之前,根据狍的膘情和粗饲料质量等情况。适当减少精饲料,这样可使生产群公狍在配种期到来时膘情在中等或稍偏下,由于

没有足够的能量,与种用公狍相比,生产群公狍在配种期的性功能活动和性欲表现都不旺盛,顶撞、爬跨和角斗现象大大减少。生产群公狍的消化功能也比较正常,基本上不出现废食现象。配种后期公狍食欲恢复得也较快,有利于增膘复壮和安全越冬。对生产群公狍而言,配种时少喂精饲料并不意味着可以放松对其饲养管理。大量的优质青饲料对其保持健康的体质和体况是非常重要的。

应将非配种公狍和后备种公狍放在远离母狍的上风头圈舍内,防止狍群受到来自配种公狍和发情母狍外激素刺激引起骚动而影响生产。

另外,要对地面进行维修,保持平整,清除异物,定期消毒,减少因外伤而感染疾病。

2. 配种恢复期饲养管理(10月初至11月初) 种公狍经过配种期,体重明显下降。被毛粗糙,体质变得瘦弱并形成卷腹,非配种公狍体重下降小于配种公狍。此时公狍的生理特点是性活动逐渐减弱、食欲和消化功能相应提高。这一时期饲养管理的要求是迅速恢复公狍的体质和体况,增加体重,为越冬和生茸做好准备。在日粮供应上,要逐步增加日粮容积,提高热能饲料比例。在日粮结构上应以粗饲料为主,精饲料为辅,使狍的消化道容积和瘤胃微生物区系进一步恢复和完善,同时饲料中必须供给一定数量的蛋白质或非蛋白氮,以满足瘤胃微生物生长繁殖,合成菌体蛋白供机体所利用。在粗饲料中,由于这一阶段狍场饲喂大量青贮饲料,要注意青贮饲料的量要逐步增加,对某些酸度过高的青贮饲料可用1%~3%的石灰水或苏打水冲洗中和后再饲喂。在精饲料中,蛋白饲料(豆饼或豆粕)比例为20%左右。精饲料日喂量为200~250克。

试验研究结果表明,成年公狍恢复期精饲料较适宜的蛋白质水平为18%,能量浓度为17.50兆焦/千克,为保证公狍体质恢复、安全越冬及狍茸正常生长发育,成年公狍恢复期每只狍每天需要供给可消化蛋白质42.79克、可消化能38.68兆焦。

3. 生茸期的饲养管理(11月至翌年4月) 每年的11月份至翌年4月份,公狍的性活动已经停止,食欲和消化功能完全恢复正常,体内营养物质贮备增加,公狍脱掉骨化的狍角,也称花盘或角帽,这一过程称为脱盘,新的茸角滋生。由于长茸,其所需要的营养物质增多,采食量增大。正值冬季及冬末春初百草枯萎时期,是一年之中最关键的阶段,狍的死亡多集中于此阶段。因此,加强管理,充分利用饲料资源保证狍生茸和安全越冬是这一阶段的重要任务。

根据上述特点,在配合日粮时,应以粗饲料为主,精饲料为辅,逐渐加大日粮容积,提高热能饲料比例,锻炼狍的消化器官,提高其采食量和胃容量。同时,必须供给一定数量的蛋白质,以满足瘤胃微生物生长和繁殖的营养需要。在精料补充料的配合上,配种恢复期应逐渐增加禾本科子实饲料。

公狍在这一时期饲养管理的目的是增强体况,增加体重,保证安全越冬,正常生茸。因此,日粮配合应既能满足狍体越冬御寒的营养需要,也要兼顾增重复壮和生茸的营养要求。精饲料中热能饲料应占50%～70%,豆饼及豆科子实等蛋白质饲料占17%～32%。精饲料日喂量:种公狍0.25～0.35千克,非种公狍0.15～0.3千克。粗饲料应尽量利用落地树叶、大豆荚皮、野干草及玉米秸等。用干豆秸、野干草、玉米秸粉碎发酵后,混合一定量的精饲料喂狍能提高对粗纤维饲料的利用率。用青贮玉米可以代替一部分多汁饲料,饲喂时应由少到多逐渐增加喂量,酸度过高适口性差时,可用1%～3%石灰水或苏打水冲洗中和后再投喂。

北方地区冬季寒冷,昼短夜长,要增加夜饲,均衡饲喂时间,日喂4次精饲料。清晨和日落,中午和半夜,是狍饲喂和采食的最佳时间。

公狍处于体况恢复阶段,随着食欲日益增加和青绿多汁饲料缺乏,应充分利用干粗饲料,供给充足的饮水,根据上顿采食情况,确定下顿粗饲料喂给量。饲养方法得当,狍日采食量逐渐增加,膘情逐渐转好,茸角生长正常。如果饲料低劣,饲喂时间不定,饲喂量不足,管理粗放,势必造成狍只营养不良,体况下降。增加狍的运动量,促进机体新陈代谢活动,提高对严冬的抵抗能力。寒冷地区狍群冬季饮温水有利于减少机体的热能消耗,增加防寒能力和节约热能饲料的供给。

按年龄和体况对狍群进行调整,体弱有病的狍单独组群饲养。有利于提高其健康状况和生产能力,也是延长每只公狍利用年限的有效措施。合理投喂精、粗饲料,对越冬公狍至关重要。狍采食饲料有一定的规律性和顺序性,而且群体采食性强,全日采食粗饲料长达7小时,如果饲料投放面积狭窄或成堆成片或投放位置不合理。会造成采食时拥挤,体质强壮的狍、王子狍争食霸槽,顶撞干扰其他狍采食,致使弱狍不能按时按量采食。长期下去,会造成弱狍生长迟缓、体质下降。按年龄、体况科学分群的基础上,投喂饲料要均匀,杜绝成堆,防止采食混乱和采食不均。

在人工饲养条件下,常因圈舍潮湿,寝床上尿冰积存,地面阴冷,使机体消耗热能而发生疾病,影响健康。冬季狍舍要注意防潮保温,背风向阳,定期起垫,及时清除粪便和积雪尿冰。圈内可铺垫10~15厘米厚的软草,在入冬结冰前彻底清扫圈舍和消毒,预防疾病发生。

4. 配种前期的饲养管理(5月份至7月末) 天气逐渐变暖,狍冬毛的脱换,公狍需要大量的营养物质来补充机体在冬季的消耗,同时又有脱换毛的需要。公狍需要补充蛋白质、矿物质和维生素含量较高的饲料。育成狍在此期生长发育最快。

为满足公狍的生理需要,不仅要供给足够的精饲料和粗饲料,而且要提高日粮的品质和适口性。可适当增加精饲料中豆饼和豆科子实的比例。在饲喂大豆时为避免大豆中有害的抗胰蛋白酶影响狍的消化功能，可将大豆磨成豆浆，调拌精料饲喂。另外，供应充足的青刈饲料、青绿枝叶、优质青贮饲料和清洁饮水。

为保证公狍有充足的饮水供应，水槽内任何时间都要有充足而清洁的饮水。饲养人员要经常刷洗水槽，更换新水。据观察，公狍每天饮水 3～5 升，食盐也不可少。狍每天每只需补饲食盐 5～10 克，补盐的方法可以直接混入精饲料中，也可以设 1 个盐槽，每隔 1 周左右向盐槽内投放一定数量的食盐或含盐矿物质供狍只舔食。

为管理上的方便起见，按狍的年龄、体质状况情况将狍分群饲养。尽量保持狍舍及其周围的安静，防止受惊炸群。公狍的饲料供给量见表 7-3。

表 7-3　成年公狍日粮表　（千克/只）

生产时期	精饲料	粗饲料	
		多汁料	粗饲料
配种期	0.25～0.30	0.20～0.25	1.0～1.3
恢复期	0.20～0.25	0.20～0.25	1.0～2.3
越冬生茸期	0.20～0.35	0.20～0.25	1.0～2.3
配种前期	0.30～0.35	0.20～0.25	1.5～2.3

四、母狍的饲养管理

（一）饲养母狍的目的和意义

饲养母狍的主要目的是通过繁殖手段扩大狍群，生产优良仔狍。因为母狍不产茸，狍肉也是养狍的重要产品。如何选择和饲养母狍,使之能够生产优良的后代,提高群体繁殖力和生出品质优良的后代就成为饲养母狍的中心任务。人工饲养管理技术,按照母狍的繁殖生理规律,使其在配种季节具有良好的体况,发情旺盛,有较强的性欲,并能够正常地发情、排卵、受胎和产仔。

(二)母狍的营养特点

母狍的营养需要主要包括妊娠营养需要和泌乳营养需要,母狍的精饲料组成配方见表 7-4,狍营养物质食入量及其消化率见表 7-5。

表 7-4　母狍精饲料组成及营养水平　(%,兆焦/千克)

成　分	饲　料		指　标	营养水平	
	配方 1	配方 2		配方 1	配方 2
玉　米	34.14	46.50	粗蛋白质	23.72	21.26
大豆粕	28.36	21.00	干物质	84.48	84.28
大　豆	18.00	19.00	总　能	17.19	18.46
小麦麸	25.00	12.00	钙	0.779	0.787
骨　粉	1.500	1.500	磷	0.778	0.694
磷酸氢钙	0.50	0.500	钙/有效磷	1.859	1.790
食　盐	0.5	0.5	食盐	0.49	0.49
合　计	100	100			

表 7-5　狍营养物质食入量及其消化率

指　标	食入营养物质量		指　标	营养物质消化率(%)	
	配方 1	配方 2		配方 1	配方 2
干物质(克)	253.5	505.7	干物质	72.90±1.34	78.19±1.93
粗蛋白质(克)	71.15	127.5	蛋白质	75.45±2.31	75.58±2.68
可消化粗蛋白质(克)	53.69	96.39	能　量	73.75±0.78	76.54±1.67

续表 7-5

	食入营养物质量			营养物质消化率(%)	
指　标	配方1	配方2	指　标	配方1	配方2
总能(兆焦)	51.57	110.7			
消化能(兆焦)	38.03	84.73			
钙(克)	2.34	4.72			
磷(克)	2.34	4.17			

1. 妊娠母狍营养特点　根据胎儿发育的阶段性,可将母狍的妊娠期分为妊娠初期、胚泡滞育期和真孕期 3 个阶段。妊娠初期与配种紧密相连,胚泡滞育期一般可达 4～5 个月,真孕期为 5 个月左右。

(1)配种与妊娠初期　这一时期为每年的 8 月份至 9 月份末。在此阶段,母狍摄入的营养物质主要用于自身生理维持和能量的累积。正常情况下,此阶段母狍发情配种并受胎。为保证母狍受精及胚胎早期发育及顺利着床,应保证供给母狍全价优质饲料。从母狍断奶后进入配种前的体质恢复阶段开始,到整个配种期结束,需供给一定数量的蛋白质和维生素丰富的豆饼、青刈大豆、全株玉米、青贮饲料、胡萝卜和大萝卜等饲料,以促进母狍提前集中发情交配,并提高其受胎率。

(2)胚泡滞育期　这一阶段为每年的母狍配种结束至当年 12 月末或翌年的 1 月份。此时的卵泡在子宫内不着床,呈游离状态。排卵后的卵巢形成黄体,黄体释放黄体酮,确保卵泡的妊娠环境和提供必要的营养物质。对于梅花鹿、马鹿等鹿科动物排出的卵细胞如果没受精,黄体很快就消失,黄体可以作为动物妊娠的标志。狍的繁殖生理比较特殊,即使卵细胞没有受精,黄体仍可保留 5 个月的生理活性,此期黄体生理活性不能说明母狍已经妊娠。翌年 1 月份游离的胚泡在子宫壁着床,母狍才感觉到真正妊娠,如果此期胚泡没有着床,黄体快速消失,胚泡着床后真正妊娠的母狍黄体继续保持生理活性直到分娩。

此期母狍用于胚胎发育需要的营养物质并不多,因为在胚泡滞育过程中,胚胎发育极其缓慢。但此期已经进入冬季严寒季节,必须加强管理,充分利用饲料资源保证母狍胚胎发育和安全越冬。

(3)真孕期 这一阶段为每年的 1~6 月份。其特点是胎儿迅速生长发育,特别是妊娠后期更为显著,胎儿重量的 80% 以上是在妊娠的最后 3 个月内获得的。狍在妊娠后期体重增加 10%~15%,母狍妊娠初期和胚泡滞育期侧重饲料的质量,真孕期在重视饲料质量的同时还要保证饲料的数量。妊娠后期,胎儿骨骼的迅速发育和母体为哺乳做准备,需要在饲料中摄取大量的钙和磷,如果供应不足容易造成胎儿骨骼发育不良和母体骨钙损失过多,容易引起产后瘫痪。

2. 泌乳母狍的营养特点 母狍的泌乳期为 80~90 天,其时间为每年的 5 月下旬至 8 月初。狍汁中含有丰富的蛋白质、脂肪、乳糖、维生素、矿物质等,这些的营养物质必需通过母狍从饲料中摄取。因此,保证泌乳母狍饲料各种营养成分充分供应是极为必要的。在哺乳期的母狍消化能力显著增强,其采食量比平时增加 20%~30%,在饲料配合上要适应这些特点。

(三)母狍的饲养管理

1. 配种与胚泡滞育期的饲养管理 配种与胚泡滞育期的母狍对能量饲料的要求不高,但为保持良好的体况,使母狍具有旺盛的性欲和发情征兆,配种后达到受胎和胚胎能够顺利着床发育,为使母狍保持良好的繁殖功能和体能,在其日粮中应含有充足的维生素和蛋白质。由于狍的配种季节正好与天然牧草结实收获期相符合,因此上述问题不难解决。在开始阶段,应以容积较大的粗饲料和多汁饲料为主,精饲料为辅,使母狍瘤胃进一步扩张,为下一阶段胎儿迅速发育、饲料采食增加做准备。块根、块茎和瓜类多汁饲料对于这一饲养阶段的母狍是十分必要的。一般供给量为每只每天0.2千克左右,精饲料中蛋白质饲料应占30％～35％,禾本科子实占50％～60％,糠麸类占10％～20％。这一阶段各种饲料的饲喂量见表7-6。在饲喂次数上,圈养母狍一般每天饲喂青粗料和精饲料各3次,饲喂时精饲料在先,粗饲料在后。在管理技术上,对配种母狍应施行分群管理,一般每群以30～40只为宜,每个配种圈舍4～6只母狍,在配种期间应有专人值班,观察和记录配种情况,防止配种期发生意外伤害事故。同公狍一样,交配对公、母狍都是比较激烈的活动,刚交配过的公、母狍都不应立即大量饮冷水,以免造成异物性肺炎等意外情况发生。母狍受配后应及时记录交配时间及交配情况,为预估产期及观察母狍是否妊娠作依据。同时,还应认真记录好配种公、母狍的编号,以备将来进行选种、选配的需要。

母狍配种结束进入胚泡滞育期和越冬期,北方地区冬季寒冷,昼短夜长,要增加夜饲,均衡饲喂时间。随着食欲日益增加和青绿多汁饲料缺乏,应充分利用干粗饲料,供给充足的饮水,饲养方法得当,狍日采食量逐渐增加,膘情逐渐转好,提高对严冬的抵抗能力。寒冷地区狍群冬季饮温水有利于减少机体的热能消耗,增加防寒能力和节约热能饲料的供给。

按年龄和体况对狍群进行调整,有利于提高其健康状况和生产能力。如果饲料投放面积狭窄或成堆成片或投放位置不合理。会造成采食时拥挤,致使弱狍不能按时按量采食。投喂饲料要均匀,杜绝成堆,防止采食混乱和采食不均。

管理上要做到每天适量运动。棚舍内要留有足够的干粪,起褥草作用,或铺以豆秸或稻草等褥草。及时清除积雪。舍内要防风、保温、干燥,确保采光良好。

2. 真孕期的饲养管理　母狍真孕期变得安静,食欲良好,被毛光亮,体重增加,后期体重增加更快,此时饲料中提供的养分应同时能够满足"母子"的需要。在制订日粮高营养水平的条件下对妊娠的不同阶段有所区别。真孕早期,供给饲料的容积可大些,如可供应较多的粗饲料,真孕中、后期由于孕体(胎儿、羊水及胎膜构成的综合体)体积及重量迅速增加,为了防止因饲料体积过大,肠胃挤压子宫内孕体而造成的胎儿流产,应在饲喂时选择体积较小,质量好,适口性强的饲料。对多汁饲料和粗饲料的饲喂必须适量。在临产前的 10 天应适当降低母狍的能量摄入量,以便胎儿顺利娩出,防止母狍过肥,产力下降及胎儿初生体重过大引起的难产。结合试验研究。精饲料中豆饼粕含量为 30%~40%,其余为谷物饲料。饲喂数量随妊娠期的不同而有所变化,妊娠期的前期(1/4)、中期(1/2)、后期(1/4)精饲料喂给量,每只每日分别为 0.6 千克、0.6~0.8 千克、1.3~1.6 千克。母狍在妊娠期间的饲喂次数仍以每天 3 次为宜,每次饲喂间隔应当均匀和固定,如每天的早5:00~6:00,中午 11:00~12:00,晚 17:00~18:00 各喂 1 次。如白天只喂 2 次,应夜间补饲 1 次干草等粗饲料。青粗料的来源要多样化,腐败发霉的饲料严禁饲喂。对圈养狍,此时亦要创造条件进行适当运动,以增强母狍的体质。对真孕后期的母狍严禁断食、断水、殴打、强行驱赶或惊吓等,以防引起母狍流产。试验研究结果表明,妊娠中期精饲料较适宜的蛋白质水平为 19%、能量浓度为17.16 兆焦/千克,妊娠后期分别为 24%和 17.16 兆焦/千克;为保证胎儿正常生长发育的营养需要,妊娠中期每只狍每天需要供给可消化蛋白质 60.08 克、可消化能 44.5 兆焦,妊娠后期需可消化蛋白质 74.55 克、可消化能 55.7 兆焦。

3. 哺乳母狍的饲养管理 正常情况下,母狍分娩后即开始泌乳。狍的乳汁中干物质含量多,营养丰富。乳汁中的营养成分由饲料中的养分转化而来,在此阶段更应注意加强母狍的营养物质供给。在母狍产后泌乳初期,将粉碎的精饲料用稀豆浆调制成粥样混合物喂母狍能更好地促进泌乳。因此,在母狍产后 1～3 天最好多喂一些豆浆类多汁催乳饲料。

仔狍的哺乳期为 70～90 天。在整个哺乳期中,仔狍生长发育所需的营养物质主要来源于母狍的乳汁。特别是 1 月龄以内的仔狍很少采食其他饲料。此时仔狍瘤胃尚未发育完善,瘤胃微生物区系尚未建立,不能消化粗饲料。仔狍生后体重及其生长规律见第六章。

这一阶段母狍需要大量的营养物质,在饲料上应供给含有丰富的蛋白质、维生素 A、维生素 D 以及矿物质饲料。根据哺乳期的不同,饲料供给上也有所变化。表 7-6 列出成年母狍日粮表,以供参考。

表 7-6　成年母狍日粮表　（千克/只）

生产时期	精饲料	粗饲料	
		多汁料	粗饲料
配种期	0.25～0.30	0.25～0.35	2.0～2.3
胚泡滞育期	0.30～0.35	0.20～0.25	2.0～2.3
真孕期	0.35～0.40	0.30～0.35	2.0～3.0
哺乳期	0.40～0.45	0.30～0.35	2.5～3.5

试验结果表明,产仔哺乳期精饲料较适宜的蛋白质水平为 23.72%、能量浓度为 17.19 兆焦/千克;为保证仔狍正常生长发育的营养需要,产仔哺乳期每只狍每天需要供给可消化蛋白质 113 克、可消化能 77.07 兆焦。

在管理方面,对哺乳期母狍精饲料每天喂 2～3 次,青粗料可以采取自由采食或每天在喂过精饲料后再饲喂粗饲料的方式进行。要坚持每天将吃剩的饲料残渣及粗饲料打扫干净。母狍的哺乳期适逢夏季,应注意防暑;同时,又处于每年的梅雨季节,要注意狍场的排水问题。场内低洼地要填平,沟渠疏通,不能有积水,以防母狍与仔狍饮用污水而发生肠胃疾病及寄生虫病等。注意供给充足的清洁饮用水。母狍在哺乳期内,有的由于护仔关系,性情会变得比较凶恶,有时甚至主动攻击饲养人员,故应注意饲养人员的安全。

第八章　养狍场的建设与规划设计

一、狍场的选择

狍场是人们组织生产和狍活动的场所,狍场场址选择、场区布局、狍舍建筑是否合乎卫生要求,不仅直接关系到狍群的健康,生产性能的发挥、技术措施的实施,也对狍场的发展和经营管理的改善具有重要的影响。为有效地组织养狍的生产,必须遵循因地制宜的原则,既要根据当地的自然条件(地势、地形、水源、土壤、气候)等进行调查研究,又要根据当地的社会情况(经济情况、居民情况、交通、动力设施)等综合考虑,在提高决策的科学化基础上进行综合评定,正确地选定场址。根据最佳的生产和防疫卫生要求布置有关建筑物,合理地利用自然条件和社会经济条件,保证居民区良好的生活环境和维持正常的生态平衡具有重要的意义。

狍场的建筑规模取决于当地的自然条件、经济条件、技术管理水平、产品和饲料供应等许多因素。随着养狍业的发展,养狍场的经营逐渐向规模化方向发展,狍场的设置要求必须科学合理,符合狍的生物学特性。

场址的选择是一个长远大计,应多方面考虑,既要考虑当前,也要考虑将来,既要有利于生产,又要符合卫生防疫要求。在具体选址时,应根据养狍场的经营规模、生产特点、饲养管理方式等总体规划,结合当地自然条件和社会经济条件;各方面都要进行全面的考虑。

二、场址应具备的条件

(一)地势、地形条件的要求

1. 地势要求 我国北方冬季严寒和经常受西北主风侵袭的气候特点,原则上应选择地势高燥、背风向阳(南向或东南向)、土质坚实、排水良好的地方建场。在草原要选择地势高燥,水源充足之处建设狍场。为缓解主风的侵袭,场址西北方向需营造防护林带作为屏障。在江河沿岸建场,场区最低点必须高于江河的最高水位,以免受洪水危害。地形应当比较平坦开阔,稍有向南或东南倾斜的小坡度。

山区一般选择在三面环山、稍平缓的坡地,场地要向阳背风,最好是向南或向东南倾斜,地形等高线为东西走向,并与夏季主风向垂直。这样,可以保证场地排水良好,阳光充足,夏季利于自然通风,又避免冬季寒风侵袭。地面坡度以 3°～5°较为理想。

平原地区应选择在比周围略高的地方,最好场地中部略高,周围较平缓,或略向南或东南倾斜,以便能得到较多的阳光,并利于排水。

城市郊区应尽量选择在非工业区,避免工业烟尘、污水、来往车辆的噪声干扰,并便于利用城市的动力、供水、通讯、饲料加工及其他服务设施。

2. 地形要求 狍场的地形要开阔整齐,场地不要过于狭长或边角太多。过于狭长,建筑物布局势必拉长,难以合理布局,同时也使场区的卫生防疫和生产管理不便。边角太多会增加基建和场区卫生防疫设施的投资。总之,地形过于狭长或边角太多,拉长了运输、动力、供水线路和地下管道等。理想的地势应高燥、排水良好,向阳背风,有利于通风。

（二）土质条件

1. 土质的重要性 场地的土质对狍的健康和生产性能影响很大。不良的土质，对狍身体和建筑物都产生不利的影响。土质的透气透水性、吸湿性、毛细管特性、抗压抗冻性、化学成分等，都直接或间接地影响场区的空气、水质、植被的植物种类及其化学成分和生长状态。动物的地方病，多数是由于土壤某些化学元素缺乏或过多而引起的。土壤中各种化学元素含量主要取决于土壤的厚度、机械组成、成土母质性状和污染情况等。对土壤的化学成分进行分析是较复杂的，一般采用访问调查的方法来解决。

适合建立养狍场的土质，应该是透气透水性强、毛细管作用弱、吸湿性和导热性小、质地均匀、抗压性强。

2. 土质的分类 土质的沙粒和黏粒的含量不同，就表现出土壤的沙性和黏性。一般根据沙粒、粉粒和黏粒等含量所占百分数，将土质分为沙土、黏土、壤土3大类。

（1）沙土类 沙粒占50%～70%的土壤沙土。沙土的土壤孔隙大，透气透水性强，保水性小，毛细管作用和吸湿性小，易于干燥和有利于有机物的分解。另外，它的导热性较大，热容量小，昼夜温差大；沙土的这种特性对狍是不利的。

（2）黏土类 黏粒含量超过30%，颗粒细，粒间孔隙也极小，质地黏重致密，透气透水性弱，保水力吸湿性强，毛细管作用明显，因此容易变潮湿、泥泞。当长时期积水时，容易沼泽化。在这种场地上建造狍舍，舍内就经常潮湿。此外，黏质土的自净能力差，也易于孳生蚊、蝇和各种寄生虫。由于其保水力和吸湿性强，在寒冷地区冬季结冻时，其体积膨胀或紧缩变形，导致建筑物基础损坏，严重影响建筑物的使用寿命。有些黏土含碳酸盐较多，遇水时碳酸盐被溶解，造成质地软化，使建筑物下塌或倾斜。

（3）沙壤土 沙粒占20%～30%的土壤，也称壤土或两合土。

这种土壤,黏性质地较好,兼具沙土和黏土的优点。透气透水性良好,保水力和吸湿性较小,因而雨后也不太泥泞,易于保持干燥状态,不利于病原菌、寄生虫卵、蚊、蝇等生存和繁殖。这种土质自净能力较强,导热性小,热容量较大,表面温度较稳定,对狍身体的健康,场区绿化等都较适宜。又由于其抗压性较强,质地较稳定,也适于做各种建筑地基。

在一定地区,受客观条件的限制,选择最理想的土质是困难的。这就需要对养狍场的规划、设计和施工以及日常管理上,设法弥补当地土质的缺陷。

(三)饲料条件

饲料是发展养狍业的基础,是选场的主要条件,狍场应有足够的土地面积和稳定的饲料基地。饲料来源充足,能保证不断供给和补充四季所需要的各种饲料。在山区、半山区建场应有下列几项条件:可搂取树叶的乔木林,适合各季节利用的疏林地、灌木丛、荒山和草甸子。草原地区狍场的饲料基础,包括理想的放牧地,足够的采草场,一定面积的耕地。土地利用上要做到耕地、养殖场、采草场全面规划统筹安排。

完全圈养的狍每年每只平均需要精饲料 120~150 千克,需要粗饲料 600~800 千克。狍场因地制宜地种植一定面积的饲料地,能满足对青贮、多汁饲料的需要和精饲料的调剂,力求逐步做到自给自足。

(四)水源条件

1. 水源的重要性　在狍场的生产过程中,饮用、饲料的清洗与调制,狍舍和用具的洗涤,产品的加工等,都需要使用大量的水。在圈养条件下,其用水量是相当大的。因此,建立一个狍场,必须有可靠的水源。选择水源时,水源的水量必须能满足养狍场内的人、狍饮用和其他生产、生活用水。狍场的需水量在1年中各季节有所不同,选择水源时应考虑最高日用水量。每天需水量标准,决定于地区的气候条件,狍场的给水、排水设备的完善程度,狍的数量、饲养管理方式等因素。在选择水源时,应对当地可选用的各水源进行卫生状况调查,于不同地点采集水样,进行水质理化分析和微生物检验,比较和鉴定各水源的水质。还要调查当地是否因水质不良而出现过某些地方性疾病等。

2. 水源的分类　根据水的来源不同,可分为地表水及地下水。

(1)地表水　地表水是降水和泉水的天然汇集场所,包括江河、湖、塘、水库等。地表水由于它的形成和受各种自然条件以及人为因素的影响,水质很不稳定,极易遭受污染。例如,季节、气候、雨雪、潮汐、地形、土质、岩层、植被以及工农业生产,居民生活活动等的影响,都可使地表水水质发生变化,特别是容易受到生活污水及工业废水的污染,经常因此引起疾病流行或慢性中毒。

地表水一般来源广,水量足,水质软,取用方便;而且具有较强的自净能力,所以仍是广泛使用的水源。但要强调,活水比死水自净能力强,水量多的比水量小的自净能力强。供饮用的地表水一般应进行净化工艺处理。

(2)地下水　地下水的主要来源是渗入地下的降水和通过河床、湖床而渗入地下的地表水。此外,由于进入土壤内空气中的水蒸发凝结而成的凝结水也能形成地下水。

地下水属于半封闭型水域,它与地表水处于一种相互转化的过程中。地下水的水量、水质与地质条件密切相关。降水及地面水中所含杂质、尘埃、有机物、微生物等在通过土层时大部分被滤过,因此地下水较清洁,水量水质都比较稳定。但地下水也受到地质化学成分的影响而含有某些矿物质成分,硬度一般较地表水大,有时也会含有某些矿物性毒物,引起地方性疾病。

近年来我国地下水受各种因素的影响污染比较严重。主要污染物质有酚类、氰、铬及硝酸盐等，选择水源时应引起注意。建场前必须对场地的地下水位，自然水源，水质和水量进行必要的勘测和调查，以保证投产后有良好充足的生产生活用水。狍场应首先考虑利用地下水——井水或泉水，其水量以枯水期能满足需要为标准；对于水质要进行检验，不符合饮用标准的井泉水要经过适当处理后方可使用；江河等地上自然水源，由于流经环境复杂，易受污染，必须使用时应彻底消毒净化。

（五）交通条件和电源

狍场的建设要选择交通条件较方便的地方，以便饲料、物品的运输，便于科学养殖及试验研究的顺利开展；同时，要考虑到噪声对狍的影响。狍场附近最好有公路，如无公路必须自建公路，如选在靠近铁路线又能保持一定距离更为理想。场址以距公路3～5千米，距铁路5～10千米为宜。

电源是照明、饲料加工、饲养管理、文化生活、科学实验不可缺少的条件，因此狍场应选用电较方便的地方。

（六）社会环境和经济条件

狍场场址的选择，必须遵循社会公共卫生准则，使养狍场不致成为周围环境的污染源，同时也要注意不被周围环境所污染。

狍场不应选在工矿区和有公共设施的附近，更不应选在环境复杂有疫情的地区。各种复杂的环境容易造成对狍群的惊扰或传染某些疾病。养狍场应设在居民点的下风处，地势要低于居民点，但要远离居民污水排放口，更不应设在化工厂、屠宰场、制革厂等容易造成环境污染企业的下风处或附近。

为了加强防疫，狍场与当地居民应保持一定距离，最好在200～300米及以上。不要在畜牧场附近建狍场，更不能将狍场建在被牛羊传染病污染过的地方。如在原有畜牧场旧址上改建狍场时，对疫情和发生传染病的可能性要认真考虑。在选场时对当地家畜发生过何种疾病，污染情况如何，附近城乡畜牧业的现状与发展规划等都要进行详细的调查。选择狍场场址时也要适当考虑建筑材料来源。当地建筑材料方便，有助于建场，就地取材能减少建筑成本。

三、狍场的规划布局

（一）场区划分

可以根据狍场的规划和场内地势地形、水源、交通、主风向等自然条件安排建筑物的布局，在有利于饲料管理、有利于防疫、有利于节约土地的原则上，进行合理安排。狍场各分区按地势和风向分布见图 8-1。场区划分和规划应遵循以下几条原则：

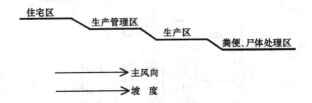

图 8-1　养狍场各区的地势和风向配置示意

场区划分和规划应遵循以下几条原则。

第一，首先应从人、狍保健的角度出发，以建立最佳生产联系和卫生防疫条件。尽可能把场地中最好的地段作管理区和居民区，其次以生产区、病狍管理区顺序安排。并要考虑好道路规划、绿化设计等。

第二，做到节约用地，尽量少占或不占可耕地。建筑物之间的距离在考虑通风、光照、排水、防火要求前提下尽量布置紧凑、整齐。

第三,规划大型集约化养狍场时,将各功能区进行合理的配置,防止相互交叉和混乱,同时应当全面考虑废弃物的处理和利用。

第四,根据当地自然地理环境和气候条件,合理利用地形地物。如利用地形地势解决冬季防寒、夏季自然通风、采光、排水。尽可能利用原有道路、供水、通讯和建筑物,减少投资。

第五,保证各功能区有进一步发展扩建的可能。

专业养狍场分为生产区、隔离区(辅助生产区)、办公区(经营管理区)和生活区。家庭小型养殖场可以参考专业养狍场的规划布局因地制宜设计。养狍场各建筑物布局与功能关系见图 8-2。

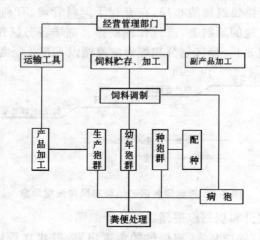

图 8-2 养狍场各建筑物布局与功能关系

1. 生产区 生产区是养狍场的主体部分,包括狍舍、饲料调制车间、饲料贮存仓库、技术室、狍产品加工车间、其他副产品生产用建筑。

2. 隔离区（辅助生产区）　隔离区包括农机库等，一般安排在生产区和办公区之间，使工作方便，也起到隔离作用。

3. 办公区（经营管理区）　办公区包括办公室、宿舍、食堂、车库、招待所等，应处于生产区外的偏上风向，以保证办公区的卫生，减少人进入生产区的机会。

4. 生活区　生活区包括家属住宅、托儿所、商店等，应远离生产区和办公区。距生产区 1 千米以上最好。在建筑布局上符合坐北朝南、东西宽广的场地安排布局狍场建筑。

根据以上原则，狍场布局按东西宽广的场地由住宅区、管理区、辅助生产区、生产区，依次由西向东平行排列或向东北方向上交错排列。如为南北狭长的场地应自北向南或西南依次排列。生产区设在管理区下风和较低处，但应高于病狍管理区，并在其上风向。管理区距生产区不少于 200 米，各区内的建筑物之间不宜过于密集。通往公路、城镇、农村的主干道路要直通办公区，不能先经过生产区后进入办公区，运送饲料的道路则直接进入生产区。

（二）生产区内建筑布局

狍舍在中心，采取多列式建筑。以驯养 400 只狍的狍舍布局为例东西各并列 1 栋，南北 3～4 栋，狍舍的正面朝阳，避开主风，保证光照。运动场设在南面。各栋狍舍之间应有宽敞的走廊，以便于拨狍和驯化。除各栋狍舍安装大门外，栋间走廊末端也要安装铁木栅门，以防狍的逃跑。另外，在全部狍舍的外围（3 米左右）设障碍墙，高 2 米左右。精饲料库、粉碎室、调料间应方便饲料加工等。青贮窖（沟）、粗饲料棚、干草垛安排在狍舍上坡或平行的下风处，以便于取用并有利于防火。为防粪尿污染，粪场应设置在本区一切建筑物的下风处，与狍舍距离应保持 30 米以上。狍场规划布局见图 8-3。

狍舍是养狍场的主体生产建筑，其作用是保证狍群冬季防寒

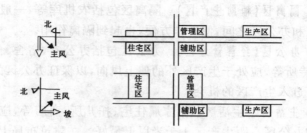

图 8-3 狍场规划与布局

防雪,夏季防热和防雨。狍舍是圈养狍群采食、反刍、运动和休息的综合性场所。狍舍设计和建筑的好坏直接影响狍群的生长发育。狍生性胆小,稍有惊动就会引起神经质灵敏的反应。为此,狍舍设计既要本着经济实惠,经久耐用的原则,也要考虑到狍的生物学特性。为防止逃跑、角斗、夹伤、撞击、断腿等意外事故的发生,狍舍应分为公狍舍、母狍舍、育成狍舍、产房、病狍隔离舍及繁殖舍等。现将狍舍的设计要求和建筑面积等简介如下。

1. 狍舍的规格 狍舍及其运动场的建筑面积因狍的性别、年龄、饲养方式、地区、种用价值和生产性能的不同而异。例如,成狍的体型大,需要的面积也相应大;妊娠中后期的母狍防止拥挤,需要的面积也相应大;断奶仔狍的狍舍要宽敞,以利于仔狍充分运动。圈舍的建筑面积为:舍长 10 米,宽 6 米;运动场长 20 米,宽10 米。这样的狍舍,公狍 40～50 只,或母狍 30～40 只,或育成狍70～90 只,断奶仔狍 90～100 只。风雪大、气候寒冷的地区,其棚舍宽度也要加大。个体养狍户因受土地面积的限制,可适当缩小狍舍面积。种用价值高和生产性能高的壮年公狍,应单独设舍或扩大活动面积(图 8-4)。

2. 狍舍建筑要求

(1)采光和通风 狍舍设计应使狍舍既能采集充足的光线,又

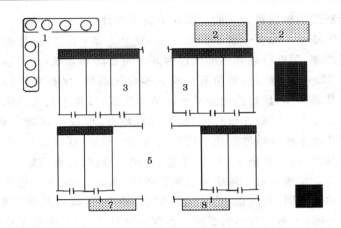

图 8-4　400 只生产区狍舍布局规划图

1. 青贮窖　2. 粗料室　3. 狍舍与围栏　4. 干草垛
5. 驯化场　6. 粪场　7. 调料室　8. 饲料粉碎加工室

能避开强光直射。建筑常采用三壁式砖瓦结构,即三面墙壁一面向阳(人字形房顶),坐北朝南或西北朝东南,前面不设墙壁,仅有圆形水泥或方砖明柱。这样,夏季西南风可使舍内凉爽;冬季又可避开西北风,且阳光射进舍内时间长,比较温暖。舍内要保持空气干燥、清洁。三壁式狍舍的房前檐距地面 1.8~2 米,后檐高度为 1.5 米左右。棚舍后墙留有通风窗,春、夏、秋季打开,冬季封严。

　(2)排水　狍舍内的地面应前低后高,最低点比运动场高 3~5 厘米,以防前檐滴水流入舍内。由寝床至围栏前壁的运动场地面应有 3°~5° 的斜坡,以便排除粪尿及污水。但狍舍和运动场的坡度不宜过大。坡度大不利于饲养操作和狍群的运动,也容易滑倒,造成蹄外伤等疾病。狍舍内的排水用两种方法,一种是由前墙排水渠道经走廊排水沟流入蓄粪池,另一种是在运动场内设有坡度较大的水沟,使雨水和尿液经过邻圈流入蓄粪池。

　(3)建筑结构　狍舍的建筑应经济实用,坚固持久,因地制宜,充分利用当地材料。一般可按如下要求设计。

①墙壁　墙壁一般基深 1.5 米,宽 0.6 米,东北、西北地区因冬天严寒,深度以达到不冻土层为好。明石高 0.3 米,砖墙厚度可在 0.37～0.4 米。后墙留有后窗。狍舍无前墙,仅有明柱脚。柱脚的基础要深,最好选用砖或水泥结构筑成,以利于长久使用。

②寝床　可做木板寝床,其保温性能好,但成本较高。其次,可用砖或水泥砖铺地。还可用石灰、黏土、沙砾(或煤渣)三合土夯实。总之,寝床要坚实、干燥、平整,并稍有坡度,排水良好。

③运动场地面　运动场地面有砖铺、水泥、沙壤土等几种。砖铺运动场地面,其优点是平整、易排水、易清扫,缺点是磨损狍蹄,夏热冬冻,对狍群有不利影响。水泥地面易于清扫,但水泥地面在夏日白天吸热不易发散,狍群也不喜欢在其上活动。沙土地面较好,但狍乐于掘土。所以,最好先以三合土或黏土做基地,然后在其上加铺含沙较多的泥土,使狍群不易挖掘,这种地面的排水性也较好。

④产圈　产圈也称产房,可供母狍产仔和对初生仔狍的护理,也可供老、弱、伤狍的护理之用。产圈建于狍舍的一侧或一角,冬天保暖,夏天防晒,面积以 4～6 平方米为宜。另外,两端设门,能分别通往两侧的运动场或狍舍。

⑤圈门　运动场前门设在前墙中间,宽为 2 米左右,高达1.8～2 米。运动场之间的门应离前墙 5 米左右,圈棚之间的门设在中间或前 1/3 处,宽 1.3～1.5 米,高 1.8 米。前栋狍舍每 2～3个圈留 1 个后门,通往后栋走廊,便于拨狍和饲养管理。门最好用铁板、铁皮制作,1.5 米以下为死板,门的上部可留有缝,既节省材料又能减轻重量,还能防止狍角插入门缝隙折断或受伤。

⑥隔栅　在母狍舍和部分公狍舍寝床前 2.5～3 米的运动场上应设 1 道木制或铁皮制滑动栅板。平时敞开,拨狍时将栅板关闭,可将运动场与圈棚隔开。在隔栅旁边设一便门,宽约 1.5 米,

目的是在本舍内外能拨狍。

⑦通道 在每栋狍舍运动场前壁外要设 3～4 米宽的通道,通常称为走廊。它是平时拨狍和驯化狍的主要路径,也是安全生产的 1 道防护屏障。前栋狍舍的后墙可代替后栋狍舍通道的外墙,本栋狍舍的前墙可代替本舍通道的内墙。为防止跑狍,保证安全生产,通道两端均应留门,门宽 2.5～3 米。

⑧围墙 在狍舍周围应有比较坚固和一定高度的石砌或砖砌围墙。如为石墙,其高度应为 2 米左右。也可垒明石,高度为 30～60 厘米,上砌实砖墙到 1.2 米。若垒花砖墙,墙头上方起脊或抹成水泥平台,花砖墙厚 24 厘米,在拐角和较长的墙段中间,砌成48 厘米×48 厘米的墙垛,以防倾斜、倒塌。

(4)料槽和水槽

①料槽 料槽常用的有:水泥槽、木板槽、石槽和铁槽。不管哪种质材,一般采用宽料槽较适宜,它利于饲喂,提高料槽的利用率。料槽可纵向(或横向)置于运动场中央。狍料槽目前没有统一的规格要求,木料槽规格供参考。上口宽 60～80 厘米,底宽30～40 厘米,深 15 厘米,槽底距地面 20～30 厘米,长 5～8 米,可喂狍 50～60 只。

②水槽 狍舍内的水槽可以为木制、铁制和石制,也有用水泥砖结构的。北方养狍用铁制水槽较好,这样在冬季可以垒灶台烧火,使狍饮用温水。一般水槽的规格为长 2 米,宽 0.6 米,深 0.25米。水锅直径以 1 米以上为宜。水槽可安放在两圈之间的前墙角下,供两圈狍群饮用。也可每圈前墙中间设一水槽。为防止夏季受日光照射生长水藻,在正对水槽上口处的围墙上留出加水口。

(5)保定设备 可利用传统梅花鹿和马鹿锯茸保定时使用的设备——半自动夹板式保定器(也称为吊圈),也是助产、预防注射、治疗疾病、捕捉和装运的一种通用设备。由于狍的体型比较小,攻击性也没有其他大型鹿类动物凶猛,现场锯茸、捕捉等应用眠乃宁麻醉保定,用苏醒灵解麻醉,所以一般很少使用半自动夹板式保定器。

(三)貂场的其他生产设备

1. 饲料加工调制室 饲料加工调制室包括精饲料加工粉碎室和饲料调制室2部分。精饲料加工粉碎室应设在精料库和调制室之间。饲料调制室内的主要设备有料箱、泡料槽、锅灶、水箱、精料发酵间、饲养人员休息室。室内铺成水泥地面或铺地板,以保持清洁卫生,并要做到保温、通风、防鼠等。

2. 精料库 贮存精饲料的仓库要求地基高,地面干燥,通风,防鼠,防虫。仓库内部设有存放豆饼及各种谷物的仓隔。其容量以贮备全貂群3～6个月用的精饲料量为宜。

3. 粗料棚 粗料棚主要用作贮存干树叶、干草、豆荚和粉碎后的农副产品。要求建在地势高燥的地方,有利于通风排水,有利于防火。使用前地面夯实,饲料棚举架要高,以便于车辆直接进库。房盖牢固,以防漏雨。

4. 青贮窖 青贮窖是用来贮存青绿多汁饲料的基础设备。窖的种类很多,有圆形、长形、方形,有地下式和塔式等。一般貂场用的青贮窖以长形半地下式永久窖为最适用。圆形青贮窖也较实用,其内容物易踏实,饲料损伤少。要求窖深大于直径,内壁光滑,不透水。窖口略高于地面。

青贮窖内壁可用石砌成,用水泥勾缝或抹面;也可用砖砌水泥抹面。青贮窖的规格根据貂群的大小、贮料量的多少、装填方便与否确定。一般每立方米青贮窖可容纳青饲料500～600千克。以每窖青贮料能供全貂群食用30天为宜。

此外,貂场还应有饲草堆积场。草垛周围要用土墙或简易木围栏围起,严防发生火灾和其他家畜进入糟蹋和污染草垛。

5. 机械设备 貂场常用的机械设备有汽车、链轨拖拉机、豆饼粉碎机、青干饲料粉碎机、青贮料切割机、块根饲料洗涤切片机、潜水泵、真空泵、鼓风机、电烘箱等。

第九章　狍产品与加工

一、狍　茸

(一)狍茸和狍角的概念

茸角是雄性鹿科动物的第二性征(副性征)。茸和角是狍犄角不同生长阶段的两种称呼。狍的茸角生长规律既不同于牛、羊等反刍动物生长的洞角,又不完全同于梅花鹿、马鹿等鹿科动物生长的实角。狍的茸角每年脱落和生长1次,且它的茸角脱落和生长过程都发生在冬季。

狍茸是成年公狍额骨上生长的没有骨化的嫩角。茸角每年周期性地再生和脱落1次,分为2个明显不同的阶段:第一阶段即从新茸萌发到茸皮脱落阶段;第二阶段从茸皮脱落到骨化角脱落阶段。其中狍茸就是茸角生长前一阶段尚未骨化的嫩角,外面覆盖着生有茸毛的皮肤,内含有胶质等前成骨组织,富含血管和神经。狍茸生长到后期,茸皮脱落,完全骨化形成硬角,称之为狍角。茸和角统称为茸角,二者皆可入药,狍茸药用价值较高,是主要产品,狍茸和狍角见图9-1,图9-2。

(二)狍茸的生长发育规律

1. 狍茸生长发育　狍茸不同于其他哺乳动物的角,其形态具有的特异性;在不同生长阶段表现也不同。茸的外部形态主要是由大小、分枝、侧枝、主干来决定的。茸毛的长短、粗细、疏密以及茸皮的颜色也反映茸的差异,狍茸的基本形态见图9-3。

图9-1　狍　茸　　　　　　　　**图9-2　狍骨化角**

图9-3　狍茸基本形态

1. 角基　2. 珍珠盘　3. 主干　4. 眉枝
5. 第二侧枝　6. 虎口　7. 小虎口

狍出生后第一年生长的茸称初角茸。以后生长的茸称上锯茸。初角茸一般不分权，茸毛粗长，其基部不具珍珠盘；上锯茸与角柄的连接处有一圈粗糙的突起，称为珍珠盘。成年狍的茸角分枝多数为2～3个，个别少数可分4个。

狍茸角是鹿科动物特有的器官，它与其他偶蹄动物的角有本质的区别，其生长发育规律主要体现在以下几方面。

(1)狍茸的发生有赖于角基的存在　角基(俗称草桩)是一种生长在额骨上终身不脱落的骨质突。通过组织排除法证明,角基是由额骨生茸区侧嵴骨膜组织分化而来的,是茸赖以形成的基础。茸只有先生长角基,然后才能再从角基上长出茸角。此外,角基在茸角的再生过程中也起着重要的作用。

额骨的特异化骨膜是角基发生和生长的基础。对角基生长的高度和组织学研究表明,角基的发育过程包括 3 个阶段。

①膜内成骨骨化期　此阶段通过膜内成骨骨化,形成高度不超过 5 厘米的额侧嵴。

②骨化方式转变期　此阶段开始发育真正的角基。起初,在骨小梁上散在出现成熟的软骨细胞团,标志着角基形成的骨化方式开始由膜内成骨向独特类型的软骨内成骨骨化转变。从角基的远端到基部依次由骨膜式软骨膜组织、骨化软骨组织和骨化组织 3 部分构成。

③软骨内成骨骨化期　当角基达到一定的高度时,在角基顶端软骨膜下出现了连续的软骨小梁,标志着角基的生长已完全通过独特类型的软骨内成骨方式完成。此时的角基从远端到基部依次由软骨膜、软骨组织、骨化软骨组织和骨化组织构成。当角基生长到 60 毫米高时,就可以观察到角柄顶端头皮样皮肤变成茸皮,其上生长出茸毛,显示茸开始生长。

(2)茸组织的生长发育以独特的软骨内成骨方式进行　茸是一个骨质性器官,它的组织发生与骨骼骨质的发生是相同的。骨的发生过程分 2 种方式,一种在纤维膜的基础上发生成骨组织,称为膜内成骨,如颅骨和面骨;另一种在原始软骨的基础上发生成骨组织,如脊柱、肋骨和四肢骨。关于茸组织的发生是由膜内成骨而来还是由软骨成骨而来的问题,许多研究者观点不一。Banks 等(1983)研究认为,茸组织的发生是由独特类型的软骨内成骨而来的,目前这一观点得到大多数研究者的认可。茸组织的这种软骨内成骨之所以独特,主要是其在软骨形成、钙化、骨化、管状体系的分布等许多方面都不同于典型的软骨内成骨。

①茸的软骨形成　在茸组织发生时,增多的间质细胞集聚在角柄顶端形成圆帽状,这个圆形的间质细胞群促使茸组织向远端生长,该细胞群由软骨膜包裹。茸组织的增大全靠附加增生来完成。另外,在整个生茸期,增生的软骨膜都持续存在,这是与体骨不同的。随着茸组织的延长,茸内部不断形成软骨小梁,通过附加增生使新软骨聚积到小梁的边缘,这是茸骨发育的又一特性。

②茸的骨化　茸的骨化仅由一个骨化中心完成,该中心朝着增生软骨膜侧单向发展,在茸骨骨化中不存在体骨组织那样位于初级与次级骨化中心之间的软骨生长板组织,但整个茸骨的组织结构与生长板非常相似,只是不存在类似体骨中位于生长板骺端终板上的软骨细胞带。此外,茸骨中增生带非常广泛地通过附加增生完成生长。而生长板增生带很狭窄,通过间质增生完成生长。在茸骨化过程中,钙化软骨的移除、管状系统的建立以及未分化间质细胞的再次集聚,都不需要破软骨细胞化来完成,而是随着增生带未分化间质层细胞的分化,逐渐形成管状体系,结缔组织中的管围细胞完成破软骨细胞化,并使间充质细胞汇集于软骨团,这些细胞在初级松质中,先分化成成软骨细胞将新软骨沉积到软骨小梁中,然后再进一步分化成成骨细胞。

③狍茸管状体系的分布　茸组织中的管腔从未分化的间质层纵向穿过成熟带、肥大带、钙化带、初级松质带,一直延伸到次级松质中,其分布不是像体骨组织那样通过钙化软骨形成后管腔的侵蚀来完成,而是管腔本身就是发育茸组织的成分之一。这可能是由茸组织的快速增生、分化所决定的,因为茸组织生长需要大量的营养,而这些营养只靠像体骨组织那样的长距离扩散是无法满足的,只有靠管状系统来提供。

④茸的钙化　茸组织中的钙化发起点在软骨小梁的中央,钙

化一经发起就朝着茸的近端纵向发展,直到小梁被完全钙化。基质囊的分布与钙化点的分布有关,在增生带的前软骨细胞层中存在较少的基质囊,在成软骨细胞中则存在大量的基质囊。在体骨组织中,基质囊和钙化点一般只分布在纵隔上,而在茸骨中,基质囊和钙化点围绕着软骨细胞呈放射状排列。在体骨中,由于存在着压力和张力,所以生长板中软骨细胞柱和基质囊的分布比较规则,而茸骨,除重力外,没有压力和张力存在,所以软骨细胞和基质囊分布不规则。

此外,在狍茸的软骨内成骨骨化中,其软骨基质颗粒大小、成分、软骨重建、初级松质和次级松质的形成等也都不同于典型的软骨内成骨。虽然角基和茸的生理学及外部形态(即皮肤)有很大不同,但其内部的组织学差异却很难辨别。

2. 茸生长发育有明显的季节性 从角基开始生长初角茸起,生茸周期便开始了。萌发的茸经过一个快速生长过程后,骨化速度超过生长速度,待茸角骨化到一定程度,茸皮开始皱缩、枯死和脱落,成为裸露的骨角,最后骨角脱落,从而完成一个生茸周期,同时下一个生茸周期又从新茸萌动开始。一般初角茸脱落后,生茸周期就变得有规律了。自然条件下,狍的生茸周期是1年,其新茸生长、骨化,茸皮皱缩、枯死和骨角脱落的时间集中在一定时间内。

(1)狍角的脱落 狍角的脱落过程通常包括如下几个步骤,见图9-4。

无论是在家养条件下还是在野生状态下,生活在低海拔地区,脱角时间总是早于高海拔地区。另外,脱角的早晚还与其在群体中的地位和行为密切相关。

(2)新茸的生长 狍茸的生长过程见图9-5。角脱落后,角基顶部出现伤口,角基周围的皮肤向心生长,逐渐在顶部中心愈合,称为封口。

愈合的皮肤表面具有光泽,将来发育成茸皮。其中表层细胞

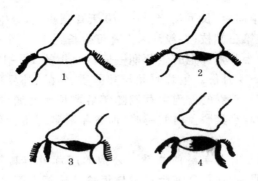

图9-4　狍茸角脱落示意

1. 角基的骨质连接处已开始溶解　2. 角基的连接处已完全
被结缔组织代替,角基依靠皮肤和皮下结缔组织连接

3. 角基周围的皮肤和皮下结缔组织连续生长,
产生一种向内向上的力供角柄分离,
结缔组织继续生长插入到角与角基之间

4. 由于周围组织的继续发展或外界碰撞力使角脱落

图9-5　狍茸角生长过程

在愈合过程中移入位于结痂之上的干组织和结痂之下的存活组织
之间,角基皮肤真皮层细胞和角基周围的骨膜细胞迁移到伤口愈
合部位,以后茸芽从这些细胞中生成。从骨角脱落到新茸萌发之
间的时间间隔称为休止期。狍的休止期比较短,仅为15~20天。

　　①茸主枝和侧枝的生长　脱盘20天后,茸基开始向前分生眉

枝,随着主干向粗、长生长,至 50～70 天茸顶膨大,分生第二侧枝,狍很少分生第三侧枝;一般认为狍茸可生长到 2～3 个杈。

②茸的生长期 狍的生茸期一般从每年的 11～12 月份脱盘到翌年的 3～4 月份。生茸时间与其体质、年龄、外界环境条件有密切关系,3～9 岁的公狍生茸期随年龄增长而增加,这主要是因为公狍年龄越小其脱盘时间越晚,而各年龄狍茸角骨化的时间却几乎相同。

③狍茸生长与年龄的关系 公狍的产茸量与其年龄密切相关,研究表明,青壮年公狍产茸量与年龄呈显著正相关,随着年龄增长到一定阶段后产茸量与年龄又呈负相关。

(3)茸皮脱落 当狍进入每年 3 月末至 4 月初,茸角便开始骨化,茸皮开始皱缩和枯死,最后脱落。一般老年狍茸皮脱落的时间早于幼年狍。对鹿研究表明,将鹿茸的茸皮移植到鹿的后腿或头皮上,结果移植物存活了几年,且一直保留着茸皮的典型特征,而与此同时鹿茸上的茸皮则已脱落,但目前对狍的这方面研究还没有开展。

茸皮季节性枯死和脱落不是茸皮细胞本身衰老死亡引起的,而是由于外部因素,很可能是局部贫血造成的。在茸皮脱落和枯死前,茸角管状系统发生变化。一种比较普遍接受的观点是,由于茸角生长后期角基部的生长发育,给通过这里的血管造成了一种压力,导致血管堵塞,造成茸皮贫血和死亡。

(三)影响茸生长发育的因素

茸生长发育不仅与品种、年龄和个体情况有关,还受营养状况、饲养管理、气候等外部环境条件的影响。

1. 饲养管理因素 在生茸期狍茸生长速度很快,对营养要求较高。同一年龄的公狍,由于营养水平的不同,狍茸产量和质量有很大差别。实践证明,公狍在越冬生茸时及时加强营养,追膘复壮,合理调制日粮,精心喂养,对促进狍茸的生长发育有十分重要的意义;相反,如果在生茸期营养不良,狍茸的生长发育则会受阻,如生长迟缓、干瘦,甚至在茸体上出现饥饿痕,形成"乏养茸"等。

生茸期患病公狍因体质衰弱,狍茸生长发育也会受到影响,如生长停滞、萎缩变小、茸皮变色、脱落甚至茸体坏死,产生各种病态茸,严重影响狍茸的产量,病愈后,虽然狍茸的生长能力也随之恢复,但在茸体上能够产生明显的凹陷、坏死灶等病痕。

2. 气候条件因素　气候条件(包括光照、温度和湿度等生态因素)对狍茸生长的影响是综合性的,其中有的气候条件对狍茸生长起着主导作用。

(1)光照　自然光照周期的季节性变化调控着狍的繁殖和生茸周期。每年的狍茸生长期是光照由长向短变化的冬季。秋分以后日照时数逐渐缩短,狍开始脱角生茸,立冬以后狍茸生长速度逐渐加快;从春分到夏至,日照时数不断延长,狍茸生长速度也逐渐变慢骨化,到立夏,狍茸基本停止生长。

(2)温度　环境温度可影响狍茸的生长速度,寒冷冬季狍茸生长快,温暖时狍茸生长速度相对缓慢。在地理纬度相同的条件下,高寒山区的狍脱盘较早,生茸期也缩短。

(3)湿度　湿度对狍茸生长影响的研究较少,实践中观察到,干旱则茸生长缓慢,湿度大狍茸生长较快。

(四)畸形茸产生的原因与防治措施

1. 畸形茸概念　畸形茸是指一切违背狍茸(或角)的固有形态,呈现不规则形状的茸。狍茸发生畸形的部位主要有基部、眉枝、干部和顶部。

2. 畸形茸产生的原因

(1)遗传性畸形茸　终身不能按正常生长规律生长出标准形状的狍茸,狍茸向头两侧平行伸展;主干向外、向后弯曲;茸体扁平如掌而不分枝;只长主干不长分枝等,这种畸形性状能遗传给后代。

(2)营养性畸形茸　由于饲养管理不当,或者慢性消耗性疾病而引起的营养不良和营养过度消耗,导致狍体质衰弱形成"病态茸"。如表现茸体干瘪、茸体粗细不均匀,呈串珠形等。

(3)创伤性畸形茸　由于机械性创伤直接对狍茸或角基中分布的神经造成不良刺激,或影响神经分布的完整性,或狍茸生长点受到破坏而引起的畸形茸,如收茸时留茬过低、锯偏损伤角基、锯口污染化脓等均可能引起畸形茸,这种机械创伤有的影响当年长茸,有的影响以后长茸,有的由于茸体、角基,甚至额骨受到创伤,从伤口处增生出不正常的茸疣或分枝。公狍之间因互相顶撞而损伤了角基,感染化脓,长出的茸也易出现畸形。锯茸时使用不良的止血药也可能产生畸形茸。

(4)衰老性畸形茸　随着年龄的增大,机体逐渐衰老,组织再生能力减弱,狍茸的生长能力减退,因而产生畸形茸。主要表现在脱盘后角基断面愈合缓慢,封口不正,分枝困难,甚至不分枝。

3. 畸形茸防治措施

(1)选育优良种狍　严格按标准选择种公狍,种公狍必须要求茸形规整,遗传力高,后代茸形性能稳定,母狍也应该坚持标准,如果母狍遗传基础不良,对后代茸形也会产生不良的影响。

(2)加强饲养工作　饲料的营养水平不仅影响狍的身体素质,也影响狍茸的生长发育,尤其在生茸期的营养水平直接影响茸的生长发育,在狍生茸期一定要保证蛋白质、矿物质、维生素的需要,并保证清洁饮水。

(3)现场认真管理　在管理方面,时刻防止发生外伤。平时及时修整圈舍、圈门、栅栏等,消除设施的棱角和毛刺;防止公狍在配种期发生角斗,防止擦伤角基;平时加强监管和监护。

(4)保护角基合理锯茸　狍茸成熟应及时采收,锯茸时不能伤害角基,锯条和锯茸部位要消毒止血,提防锯茸伤口感染化脓,保持清洁,防止污染。

(5)提高狍的体质　年龄较大的狍各种生理机能发生自然衰退,生茸能力也开始下降,除需要淘汰公狍外,对年龄较大的狍要特别关照,加强饲喂管理,提高产茸能力和产茸质量。

二、狍茸的采收与加工

(一)狍茸的采收

收茸是提高狍茸产品、质量和产值的主要环节,技术人员要定时到狍群中观察茸的生长情况,茸形和茸的生长趋势,合理掌握收茸的种类,收茸季节和收茸方法。

1. 准备工作

(1)成立收茸的组织　收茸前要成立收茸技术小组,负责收茸前准备工作、验茸、加工、保存和出售的组织工作。

(2)设备及物资准备　收茸前应准备圈舍,注意清除墙壁上的钉子、地面的砖瓦、石块等异物,做到地面平坦、圈门坚固。全面检修收茸及加工设备。准备好各种物品,包括斧子、剥皮刀、木夹、麻醉药、止血药、寸带和标牌等。

(3)技术准备　风干室清扫干净后,室内铺撒石灰,检查炸茸室的炸茸锅灶、门窗和排气情况等。收茸前,加强技术人员培养,不断提高业务水平,主要包括收茸机械设备的使用、收茸及加工技术。

2. 狍茸种类和收茸的要求

(1)狍茸的种类　狍茸的分类方法有多种,按收茸方法分类可将狍茸分为锯茸和砍茸。锯茸又分为2杠锯茸、3杈锯茸、椎角锯茸。目前一般不采收砍头茸。

(2)收茸的要求　根据公狍种类、年龄、茸的生长状况而定,一般3岁狍都能生长3杈锯茸,可比收2杠锯茸增产。但3岁狍由于年龄小,脱盘晚,生产能力低,生茸期短,生产的3杈锯茸比较干瘦,质量较差,产值较低,以收2杠锯茸为主。4岁以上的公狍,脱盘早,茸势长相好茸体肥壮,生长发育旺盛,应大量生产3杈锯茸。砍头茸对公狍资源破坏很大,除特殊需要外,一般不采收砍头茸。

(3)收茸时期 狍茸是药材,必须在骨化前的生长阶段收获。适时合理收茸是保证狍茸质量,提高养狍经济效益的重要技术环节。狍茸的生长速度和成熟时间因狍种、年龄、气候、营养状况及个体不同而不同,狍场应根据生产状况和市场情况灵活确定。在收茸期间,技术人员要每天定时观察狍茸的生长状况,确定每头公狍的收茸日期。

公狍生长的2杠锯茸,如主干和眉枝粗壮,长势良好,应适当延长生长期。对细条茸和幼年公狍长出的2杠锯茸,可早收。成年公狍长出的3杈锯茸,如茸大形佳,应延长生长期,收大嘴3杈锯茸。对于顶沟长,掌状顶和其他类型的畸形茸,也可适当晚收。但对于茸根出现黄瓜钉、癞瓜皮、穿尖子的3杈茸,应早收。

(4)化学药物麻醉保定与锯茸 收茸时狍的保定完备与否,直接关系到狍茸的质量及人、狍的安全。传统的大型鹿场的机械保定的方法常用的是半自动夹板式保定器(吊圈)。由于狍的体型比较小,使用半自动夹板式保定器也不是非常方便,因此应用较多的保定方法是化学药物麻醉保定。保定方法不同,其操作程序各异,在收茸时,必须做好相应的技术和物质准备。

化学药物麻醉锯茸就是通过麻醉枪或金属注射器等将麻醉药注入狍的机体内,使狍肌肉松弛或麻醉,最后卧于地上,达到保定目的。化学药物麻醉保定比机械保定省人、省力、省时,简便易行,减少狍的机体损伤和体力消耗。使用化学药物麻醉保定关键在于正确掌握麻醉药物剂量的大小。

①对狍进行麻醉的基本要求

第一,使狍不能走动或运动反应减弱而不影响成活;药物对狍的血压、呼吸、心跳及其他脏器无明显的影响。

第二,用药后能达到捕获或在现场进行手术的目的,有拮抗剂可解除麻醉。

②常用化学麻醉药

第一,眠乃宁注射液:本药物的基本情况、用药剂量、麻醉效果和注意事项见第十章。

第二,司可林注射液。

基本情况:司可林即氯琥珀胆碱注射液,它是一种肌肉松弛剂。它作用于终板膜,使终板膜去极化,阻碍乙酰胆碱的肌肉收缩的作用,但在运动消失之前,肌肉有短暂的颤动。

司可林一般作用快(速效),时间短,剂量小,价格低,使用方便。因司可林能被血液中胆碱酯酶水解,无后遗症,可进行静脉或肌内注射。缺点是大剂量有麻痹呼吸肌的危险。因各种动物在不同条件下血浆中胆碱酯酶含量不同,耐受量变动不定,摸索适宜剂量较困难。当出现呼吸麻痹时,无拮抗药物,只能人工呼吸解救(只能用阿托品、尼可刹米辅助治疗)。

用药剂量:达到肌肉松弛倒地的剂量,0.08～0.09 毫克/千克体重,老弱狍可酌减。

急救处理:狍用药后如果出现流涎过多、痉挛、瞳孔放大、睫反应消失、呼吸微弱(甚至间停)、心搏动 200 次/分左右等症状,必须尽快急救。经验证明,如果用药 5 分钟之后倒地,说明用药量偏大,需立即注射阿托品或尼可刹米注射液,必要时进行人工呼吸。

第三,静松灵注射液。

基本情况:该药小剂量可以镇静,大剂量可以松弛肌肉,较为安全。药物作用迅速,使用方便,是普遍应用的一种麻醉药。

用药剂量:狍每千克体重为 1～2.5 毫克,给药后 10～15 分钟卧地,持续 0.5～5 小时。

主要麻醉表现:用药后,狍精神沉郁、流涎;接着头低垂,站立不稳，缓缓卧地，横卧、俯卧不等。触摸全身肌肉明显松弛，深麻醉时针刺无感觉，舌外伸，流涎多，有时发出呻吟声。应用该药一般不会中毒。但连续多次用药或用药剂量过大，也会出现中毒。中毒症状为被毛逆立、盲目冲撞，一旦呈深麻醉状态，意识消失，呼吸深浅不一，心律失常，体温升高，瞳孔放大，乃至死亡。

急救处理：中毒时，可进行人工呼吸，注射肾上腺素或尼可刹米等呼吸兴奋剂对症治疗。

③麻醉器具

第一，长杆注射器。长杆注射器是一种特制的长旋杆注射器，这种长杆注射器制作容易，使用方便。使用时把长杆注射器装上安全兽用肌内注射针头，一手握住注射器，另一手拧动长杆，调好注射器的松紧度。注射时一手握住长杆的基部，使针头向着狍的臀部或颈部垂直刺入推进长杆，药物即可注入肌肉中。

第二，吹管针。吹管针是近几年应用于对野生动物进行麻醉的一种简便器具，将麻醉药物放入一端带有特制注射针头的器具内，将该器具放入长约 1 米的不锈钢管内，在不锈钢管的另一端吹气，带有特制注射针头的器具连同麻醉药借助吹气力量飞出，刺入动物体内，并将麻醉药物注射到动物体内，达到麻醉效果。

④麻醉锯茸过程要点

第一，麻醉锯茸要严格掌握狍所处的状态，并根据不同的状态采取不同的措施。

第二，给药前后都应稳住狍群，在可能的情况下最好将欲保定的狍隔开，防止惊恐急跑，引起药物不良反应。

第三，严格消毒，防止注射时将脏物带入狍体引发炎症和死亡。

第四，严格掌握用药剂量，最好 1 次用最佳量，切勿随意补充药量。应用静松灵时，当狍出现被毛逆立现象，虽然没有达到镇静效果，也不应再加注，以免中毒。

第五,注射部位以臀部、颈部为宜。

第六,狍倒地时应迅速用人固定头部,防止碰伤狍茸。使狍体左侧着地,使前身稍高,最好用枕垫垫起。

第七,狍倒下后要注意观察各种变化,看舌和眼的反应,看眼角膜,必要时用听诊器听心脏或从肛门测试体温。

第八,狍倒下后,不应马上锯茸。因为此时心跳加快,血液流动快。在倒下后 10 分钟左右开始锯茸为宜。等候在旁侧的保定人员要及时跑上前去,护住狍茸。锯茸时动作要迅速准确。

第九,急救和麻醉后的护理:有时由于药的剂量掌握不准而过量时,应采取急救措施,如人工呼吸、用准备好的阿托品解毒等。

3. 锯茸的技术要点　锯茸是利用齿长 2 毫米的小型锯进行。锯茸前要用酒精棉擦洗。一手持锯,一手握住茸体,从珍珠盘上 1~2 厘米处将茸锯掉。锯茸时速度要快,防止茸皮破裂,茸根留茬必须保持平整,不准损伤角基,以免影响茸的生长。

锯茸后从锯口流出大量茸血,为使锯茸后停止流血,要在锯口处涂上止血药。止血药有多种,常用的有以下几种:七厘散和氧化锌各半,混合后研成粉末备用;七厘散、黄土(炒后)适量,混合后研成粉末备用;白藓皮研成粉末备用;腐殖酸钠粉。锯茸后将止血药撒在塑料布或厚纸上,上药时用手托着扣敷到锯口上,轻轻按压即可,对于产茸量大的公狍要用绷带将其系紧,但在当天中午喂狍时必须取下,以免角基溃烂。

(二)狍茸的加工

1. 加工茸的目的和原理　关于狍茸和鹿茸的加工在我国中药学巨著《本草纲目》中都有记载,二者的加工方法基本一致,但《本草纲目》中叙述内容比较简略。对于鹿茸加工,我国已经有多年历史,吉林省号称梅花鹿的故乡,自清朝雍正 11 年(公元 1732 年)开始饲养梅花鹿,便开始了梅花鹿鹿茸加工。狍的人工饲养工作刚刚开始,狍茸的加工也只是刚刚起步。狍和麋鹿是鹿科动物中两个在冬季生长茸的物种,在冬季采收茸马上加工有很多不方便之处。所以,建议在冬季采收的狍茸和麋鹿茸暂时贮存在冰柜,到夏季与其他鹿茸进行批量加工。

茸加工的目的是保持狍茸的固有形态、不破不臭。加工过程中要排净狍茸内的水分,使其尽快干燥,便于长期贮存、运输和利用;同时,通过加工增加狍茸中的生物活性物质,提高狍茸的药物疗效和经济价值。加工的基本原理是利用"热胀冷缩"原理排出茸组织与血管中的血液和水分,加速干燥过程,防止腐败变质,便于长期保存。

2. 目前茸加工主要设备 茸加工的主要场所是加工室,应设在地势较高、通风良好、有安全设施并离狍场较近的地方。可因陋就简,也可标准较高。一般为砖瓦结构,水泥地面,有上、下水设施。专门的茸加工车间分炸茸室和风干室2部分。

(1)炸茸室 炸茸室的面积为50～60平方米,设备主要有真空泵、炸茸锅灶、烘干设备和操作台等。炸茸室一般不装天棚,在房顶上设有排气孔,四面要多窗。

(2)炸茸锅 炸茸锅可用口径为150厘米的铁锅,或用铁板或铝板特制的圆底斜壁装置或者是长方形槽。圆底斜壁炸茸锅的直径可为150厘米左右,深度为65厘米左右。长方形的炸茸锅一般规格为120厘米×90厘米×60厘米。锅台高90～100厘米,宽200厘米,长350厘米。台上抹成水泥面,四周要有4厘米×4厘米的挡水台,有排水孔通向室外。中国农业科学院特产研究所与永吉县科技仪器设备厂共同研制出烫茸器,代替大锅炸茸。箱体规格为500毫米×600毫米×670毫米,电压为380伏,功率为6千瓦,可自动控制温度,操作方便,节约能源,减少劳动力,并改善了加工作业条件。

(3)烘烤设备 炸茸室内还设有烘烤设备,常为烘烤箱。烘烤箱由热源和箱罩两部分构成。目前,烘烤箱主要有土烤箱、电烤箱和远红外线烘干箱3种。烘干箱性能的共同要求是:升温快,温度恒定、均匀,保温性好,并设有排湿、调湿的设备。

①土烤箱 在煮茸锅的烟道上安装玻璃罩或木板罩。上部设有排湿孔,下设通气孔,内设放茸架,吊有温度计,前面是拉门。这种土烤箱散湿力强,但温度不够恒定,需经常观察。

②电烤箱 以电阻丝为热源,自动控制温度,有排湿装置,其密闭性好,但排湿性能却较差,茸的干燥效果不理想。

③远红外线烘干箱 以远红外线辐射的发热管为热源,因红外线具有很高的热辐射率,物体吸收远红外线后,光能变热能,使物体受热快速脱水。干燥茸效果最佳。

(4)排血与封锯口设备 排血设备主要是真空泵,用于抽出茸内的血液,以缩短水煮炸时间,目前鹿茸加工用的为50~60升的真空泵。真空泵排血设备由电机、泵、缓冲瓶、盛血瓶和胶皮漏斗组成,见图9-6。

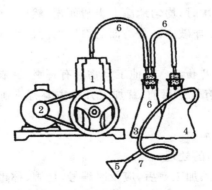

图 9-6 真空泵及其附件示意

1. 泵 2. 电机 3. 缓冲瓶 4. 盛血瓶
5. 胶皮漏斗 6. 胶管 7. 玻璃管

封口设备主要是电烙铁,烙铁头是长15厘米、宽10厘米,厚1~2厘米的铁块,有焊接手柄即可。

(5)风干设备　风干室是用来风干茸的地方。茸每次在炸茸室加工、晾凉后,都必须送至风干室风干。风干室的大小视上锯公狍的多少而定。为避免受炸茸室的烟火和蒸汽的影响,应将风干室设在炸茸室的上风处。室内的设备主要有放茸用的台案和挂茸的吊钩、吊扇及防蚊、蝇、鼠害的设施。风干室要求干燥、通风。现在大多数狍场都建筑了加工楼,底层为炸茸室和场的办公室,上层为风干室,这样的风干室通风良好。

(6)蛋清面的制作及用途　蛋清面是用鸡蛋的蛋清与面粉调和而成的。具体做法:取少许面粉放入小碗里,然后加入适量的蛋清,之后用小竹板反复地搅拌,直至面粉和蛋清充分混合为止。要求蛋清面不稀不稠,涂在茸表上不流失。

蛋清面的作用是增强茸皮的抗热性,对虎口处茸皮过薄、愈合不严或老瘦3杈茸的眉枝尖部及虎口处异常隆起部位,应在入水煮炸加工1~2次时,均匀地涂上蛋清面糊,然后再入水煮炸,否则上述部位极易煮炸破皮。蛋清面的涂抹也同样要求煮炸后固定充分。

(7)其他工具物品　其他工具物品有茸夹、缝衣针、棉线等。

3. 茸加工方法　目前,茸加工方法主要有排血茸加工和带血茸加工。

(1)排血茸加工

①茸加工前的处理

第一,茸送入加工室后,应及时编号、挂牌、称重、登记入账。

第二,排血。排血是加工的首要步骤。目前狍茸主要是用真空泵减压排血。

真空泵排血操作步骤:首先检查真空泵及排血设备,要求机械正常,真空度良好。操作人员一手握茸体,一手把抽血漏斗扣在锯口上,压紧接触部位,当吸滤瓶出现负压时,茸内的血液便被吸入瓶内,当血液出现泡沫时,可松开漏斗放入空气,如此反复数次。当血液断流或抽出泡沫时,即可停止。还可用真空泵循环排血,即在真空泵的排气孔上接1条50~60厘米长的胶管,管端带1个14号或16号注射针头,将针头刺入茸尖髓质部,再从锯口处用漏斗抽血,这样可加快排血速度。

自行车打气筒简易排血法:没有真空泵,可用自行车打气筒排血,简易排血方法是在胶管前装1个16号注射针头,插入茸尖2~3厘米,一手握住茸的虎口,缓缓打气,血液由锯口流出。打气不能过急,以防茸皮胀起。

排血量:不论采取哪种方法,关键是掌握排血量,如过度排血,茸内一部分组织液被吸出,降低折干率,影响质量。如排血太少,会延长煮炸加工时间。茸茸种类、老嫩程度以及收茸后茸血流失情况不同,其含血量差异很大。一般2杠锯茸抽血量为茸重的6%~8%,3杈锯茸为7%~9%。在实际工作中主要观察血的流速和茸的颜色变化灵活掌握。

第三,洗刷茸皮。为使茸表洁净,增强其通透性,利于水分散失,在茸茸加工前应对茸表进行刷洗。方法是锯口朝上,用柔软的毛刷蘸温度为40℃左右的碱水反复刷洗茸表,再用清水冲洗几次。刷好后,如果加工排血茸,应将茸茸的锯口朝下,自上而下轻轻地挤压茸表,使皮血排出。

第四,处理破损茸。淤血茸的处理:锯茸过程中碰撞茸体引起皮下出血、淤血时,用40℃~50℃的湿毛巾热敷伤部,可使淤血散开。

第五,折断茸的处理。开放性折断,用大号缝衣针固定茸体,用小号缝衣针缝合皮肤。非开放性折断,可在折断处周围用缝衣针固定加工,一般用1~2根长针斜向钉入茸内的髓质部,至茸半干后拔掉。

第六，破皮茸的处理。茸皮破裂时，先用清洁的冷水将创面的血液洗净，整复茸皮，然后用大头针在裂口两侧将茸皮固定，再用线把大头针缠绕固定；也可对破口进行缝合，在破口处均匀敷上一层 0.5 厘米厚的面粉糊，再入水煮熟固定。如果茸皮破裂，茸的髓质部亦折断，整复茸皮后要用长针固定。对锯口离虎口太近的短茸根或锯口过偏的狍茸，可在茸根周围缠上 1～2 圈寸带，然后用小钉钉牢，防止煮炸时茸皮收缩。对虎口处茸皮过嫩、愈合不严，或者瘦 3 杈茸的眉枝及虎口附近异常隆突处，应在下水煮炸 1～2 次后涂上蛋清面糊，否则该处极易被煮炸破皮。

②上夹固定　茸夹和上夹固定情况，见图 9-7。加工排血茸时，人们习惯将茸固定在茸夹上。如果使用铁板卡的茸夹，先用小钉固定茸皮，然后在距锯口 0.7～1 厘米处将茸根固定在夹齿中间，拧紧螺旋。如果使用木质茸夹固定，需在茸的锯口前后两侧各斜钉两根 7～8 厘米长的铁钉，左右两侧各钉 1 根 5 厘米长的铁钉，把狍茸立在茸夹上，用绳前后、左右缠绕固定。

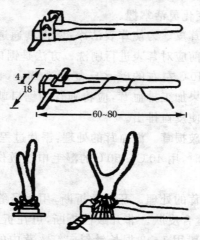

图 9-7　茸夹和上夹固定示意　（单位：厘米）

③煮炸 煮炸是茸加工的基本工序,对茸形、成品质量和色泽影响很大。煮炸工艺复杂,技术性强,灵活性大,是整个加工过程中最为关键的步骤。

第一,煮炸时间。收茸后第一天的煮炸称为第一水,按每一水间歇晾凉的先后,可分为第一排水和第二排水,每排水按入水次数又可分为若干次入水,如第一排水的第一次入水、第二次入水等。煮炸时间最为关键,也最难掌握。因茸大小、老嫩、肥瘦不同,水煮的次数和时间也不一样。在同种规格茸中,粗大的比细小的煮炸时间长。

第二,煮炸方法。第一排水煮炸:首先将狍茸慢慢放入沸水锅中,只让锯口留在外面,烫5~10秒,然后取出仔细检查有无未处理的暗伤。如有暗伤,或虎口封闭不严,都应及时敷上蛋清面,下水片刻使其封闭,以增强抗热能力,防止在煮炸中破裂。然后才正式进入第一排水煮炸。在进行第一排水煮炸时,开始1~5次下水应循序渐进,逐渐增加煮炸时间,同时应先将茸头及茸干的上半部伸入水中,并不断在水中做推拉动作和搅动水2~3次,以促进皮血排出,随后再将狍茸继续往下伸到茸根,在水中轻轻地做划圈或推拉运动,但注意绝对不要将锯口浸入水中。到第四和第五次下水时,由于茸皮紧缩,茸体内受热,血液开始从锯口排出。锯口露在水面外,温度较低,容易形成血栓,因此应用长针不断挑去锯口上的血栓,再用毛刷蘸温水刷洗锯口,用长针从锯口向髓部深刺几针,以利于排血。当茸内血液已基本排完,出现血沫,茸头变得富有弹性,茸毛矗立,并散出熟蛋黄的香味时,可结束第一排水煮炸,让狍茸冷却。

第二排水煮炸:第一排水煮炸结束后,冷却20~30分钟,茸皮温度降至不烫手时,即可进行第二排水煮炸。第二排水煮炸的第一次入水煮炸时间和第一排的最后1次煮炸时间相同,但随后每次入水煮炸时间应逐渐缩短,并主要煮炸茸尖和主干上半部。眉枝和茸根应适当提出水面,减少煮炸次数,或者事先在眉枝尖涂上蛋清面。因为眉枝细,抗热力差,容易脱皮。当锯口排出的血沫逐渐减少,颜色由深变浅,继而出现白色泡沫时,说明茸内血液已排净,可以结束第一水煮炸工序。不过在结束前应将狍茸全部浸入水中煮炸 10 秒左右,然后取出,剥去蛋清面,用毛刷刷去茸皮上附着的油脂污物,再用柔软的布擦干,即可放入风干室中干燥。

第一水煮炸注意的事项:在整个煮炸过程中,水一直保持沸腾状态,需加水时,保证水沸腾后,茸才能下锅煮炸。水要保持清洁,随时去掉漂浮在水面上的血沫,经常用毛刷刷洗茸皮上附着的油污,保持水与茸体的清洁卫生,以增强狍茸的渗透作用。每次入水深度应到茸根,不然锯口离水面太高茸根不易煮熟,会使皮血在茸根淤积,出现黑根、生根现象。在煮炸过程中,特别是煮到出大血以后,容易在上、下虎口两侧和主干弯曲处鼓皮。可在主干上部垂直扎二、三针放气,或在鼓皮处上、下边缘一侧用针平直扎入 1 厘米左右,茸内气体、组织液和血液即可由针孔排出。如果发生茸皮崩裂,应立即停止煮炸,用冷湿毛巾按住破裂处,使之迅速冷却,然后用绷带缠好进行烘烤。在虎口、眉枝尖和破伤处抹蛋清面时,厚薄要均匀,封闭完好,煮炸过程中应随时检查有无翘边和脱落现象。如有应及时重抹蛋清面。煮炸结束剥除蛋清面时,动作要轻,以防黏掉茸皮。每排下水的次数、入水煮炸的时间,以及排水间隔、冷却时间的长短,应根据茸嫩程度、重量和耐热程度而异。必须在煮炸过程中根据锯口的排血情况、茸皮紧缩程度和狍茸发出的气味变化,灵活掌握。

第三,回水烘烤。狍茸经过第一水煮炸之后,在第 2～4 天继续煮炸称为回水。第二水(又称第一次回水)于第二天进行,第三天煮第三水,第四水可隔日或连日进行。每次回水后都要进行烘烤,以促进茸的干燥。

第二水煮炸与烘烤:第二水煮炸的操作过程和方法基本和第

一水相同。第二水共煮炸两排,每排次数与煮炸时间可参照第一水酌减,应以煮透为原则,当锯口出现气泡时即可停煮。如第一水煮过轻,第二水可能排出血沫,就应煮到出现白沫为止。第二水煮炸动作要缓慢,在破伤、针刺处要涂上蛋清面;出现鼓气、脱皮,参照第一水中的相应处理方法。

回水结束后,及时剥去蛋清面,洗刷茸体,卸去茸夹,待茸凉透送入烘干箱中。在 65℃～70℃温度下,锯口朝下或立放,烘烤30～50 分钟。在茸皮出现小水珠时取出,擦净茸皮水分送进风干室立放于台板上或茸尖朝上吊挂风干。

第三水煮炸与烘烤:第三水不上架,用手拿着茸根入水煮炸。只煮一排水,每次下水 30～40 秒,下水深度为全茸的2/3,茸根和眉枝应少煮几次。入水次数应根据茸头变化情况而定。一般要求在茸尖由硬变软,再由软变为有弹性时,即可结束煮炸,擦干晾凉。第三水仍可能发生茸皮破裂(特别是眉枝),必须随时仔细检查处理。第三水煮炸后,烘烤操作步骤同前。而后倒挂风干。

第四水煮炸与烘烤:狍茸经过 3 次煮炸,2 次烘烤其根部和眉枝茸皮,特别是 3 杈茸的眉枝茸皮已呈现半干状态,这时狍茸的煮炸部位主要是茸尖、嘴头、主干的上半部,煮炸入水深度为全茸的1/3～1/2。在第四水很少出现裂皮现象。因此,每次入水时间可适当延长,煮至茸头富有弹性时结束。然后在 70℃左右的温度下烘烤 30 分钟。

回水后烘烤的注意事项:每次烘烤,必须使烘箱温度升到要求的温度,并尽可能保持恒定。低温烘烤容易引起糟皮。温度过高,可造成茸内有效成分的活性降低。在第二水和第三水后烘烤时,仍有可能出现鼓皮,也可能出现皮下积液,应及时趁热排出。烘烤的时间应根据具体情况而定,烤透者可提前出箱。回水后的狍茸在烤箱中放置以锯口向下为宜,这样放置可使茸内尚未排净的余血流出。在烘箱中排放狍茸时要立得牢,两支狍茸间不能紧贴。

检查与出箱时更须小心谨慎，不要互相碰撞损伤茸皮。

第四，风干和煮头。经过四水加工后的狍茸，含水量比鲜茸减少50％以上，以后主要靠自然风干，适当进行煮头和烘烤。这个工序的最初5～6天要隔日煮1次茸头，烘烤20～30分钟。以后便可根据茸的干燥程度和气候变化情况不定期地煮头与烘烤。

煮头：因茸头肥嫩胶质多，干燥较慢，容易萎缩变形，以至造成空头或瘪头。通过水煮，可加速干燥，使其均匀收缩，保持原形，充实丰满。每次煮头部应煮透，下水时间和次数可不受限制，煮头后要进行短时间的倒挂烘烤。

风干：狍茸风干比较简单。即狍茸经过水煮、烘烤之后，于风干室任其自然干燥。一般采用锯口朝上的吊挂风干。吊挂时应将不同规格的茸区别开来，并依加工后的不同天数按顺序逐一排开。茸风干工作十分重要，每天对风干狍茸检查1遍，对茸皮发黏、茸头变软的茸要及时挑出进行回水或烘烤。阴雨季节空气湿度大，更应注意检查，适当增加煮烤次数，防止糟皮。风干室必须保持通风、干燥。阴雨天要关好门窗，随时消灭苍蝇和蚊虫，严防虫蛀。更应注意风干室的防火工作。

第五，顶头和整形。2杠锯茸在煮头风干中，待茸头基本干燥时，把主干茸头和眉枝尖入水1～2厘米，稍煮片刻后，对着平滑墙壁或木桩上缓缓用力顶揉茸头。这个过程称为顶头。经过2～3次煮头、顶揉，最后使两个茸尖分别向虎口方向呈握拳状。狍茸经过加工，既要保持皮毛全美，茸毛鲜艳，又要适当调整形状。

（2）带血茸的加工　带血茸的加工是使鲜茸中绝大部分水分通过茸皮快速散发，使茸血中的色素与其他干物质均匀保留在茸体内，做到色泽光亮，无臭味，干燥。收茸后锯口向上放置，勿使茸体内的血液流出。经过封锯口、称重、登记、洗刷茸表，即可加工。加工时不需排血，连续水煮与烘烤，快速散发茸体水分，加强煮头工艺，自然风干。

①封锯口　加工带血茸必须完成此步骤,方法是在收茸后,将茸的锯口朝上放置,防止茸血流出,然后在锯口上均匀撒上一层面粉,再用烧热的烙铁烧烙锯口,堵住血眼,之后再称重、测量、登记入账、洗刷茸皮。

②煮炸和烘烤　从加工茸当天到第四天,每天煮炸 1 次,烘烤 2 次,或煮炸 2 次,烘烤 2 次。从第五天开始连日或隔日回水煮头和烘烤各 1 次。等到狍茸有八成干时就不用定期煮头和烘烤。每次煮炸、烘烤时间和温度等可根据狍茸枝头大小灵活掌握。

第一,第一水煮炸与烘烤。煮炸带血茸不钉钉,不上架,可用绷带系住茸的虎口主干部,手提煮炸。水煮的目的是把茸皮煮熟,保持较好的皮色,排出皮下的脂肪,增强渗透与蒸发的作用,加速干燥,减少在烘烤中出现的嫩皮和破裂。每次下锅煮炸的时间,按鲜茸重量计算,3 杈锯茸每 50 克重时间为 1 秒,2 杠锯茸每 50 克重时间为 2 秒,煮炸和晾凉间隔进行。采取勤炸、勤凉、勤检查,保证茸体的完美。茸由皮肤、间质和髓质组成的。皮肤分为表皮(油皮)和真皮(筋皮)。头 1～4 次下水煮炸,下水要急,煮烫时间和间歇晾凉时间要短。当整个茸体煮透后,可用针在锯口处刺入真皮,用手指轻压挤出血液。如有残血,还可在第一次、第二次烘烤后,用同样的方法挤出血液,防止茸体干燥后出现黑道,影响外观。

煮炸结束,要使茸凉透再进行烘烤。对晾凉后的茸进行细致检查,并在茸体和枝干的弯曲部、上嘴头的凸面预先针刺,防止烘烤时鼓气。然后将茸弯向上,横放在 65℃～70℃ 的烘烤箱内,进行第一次烘烤,烘烤的时间根据茸的大小、老嫩程度和茸皮薄厚灵活掌握。对骨化程度高、皮薄、细小的茸,烤的时间要短;疏松肥嫩的茸,烘烤时间要长。一般烘的时间为 1～3 小时。取出烤茸,擦净油脂,于风干室平放 2～4 小时。第二次烘烤是将冷凉适宜的烤茸大弯向下,两头垫板,横放烘烤,温度同第一次,时间比第一次短

10～20 分钟。出箱拭净表面的油脂滴,平放风干至第二天。

第二,第二至第四天煮炸与烘烤。第二天以后,每天按第一天的方法煮炸 1 次,烘烤 2 次。第二天煮炸时间应根据第一次煮炸与第一次和第二次烘烤程度及气温的高低而定。如果第一天煮炸烘烤得透彻,气温高,第二次煮炸时间要短,否则,煮炸中茸皮易破裂。为使血液在茸体内均匀分布,色泽鲜艳无异味,第三次烘烤前,可从锯口和茸顶部向茸体内注入度数高的曲酒。注入量约为每千克鲜重注入 20 毫升,不能过多,注入的酒量过多会使茸血被酒溶解,大量血细胞被破坏,茸由红色变黄、变淡。第三次和第四次烘烤,除茸体在烤箱内摆放时枝杈分别向下与向上外,其他基本与头两次相同。但第三至第八次烘烤时间依次序逐渐缩短 10～20 分钟。具体操作因茸而异,灵活掌握。

第三,煮头与风干。经过 5～6 天烘烤加工,茸已基本干燥。但由于茸尖较嫩,水分多,1 次干燥容易萎缩变形。为了保持茸尖充实饱满,应进行多次煮头和自然风干。

煮头:手持茸体将茸尖浸入沸水中煮炸,每次煮炸 20～30 秒,煮炸 5～8 次,用手摸茸尖,感觉到开始发软,变得有弹性方可结束。再擦干茸尖水分,将茸尖朝下挂在烤箱中烘烤 1～2 小时,然后于风干室风干。反复多次煮头,可加速茸头干燥,均匀收缩,可保持茸头丰满,防止空头或臭头。

风干:带血茸的风干管理十分重要,每日应检查多次,发现茸皮发黏,茸头发软,要及时挑出,进行煮头或烘烤。特别是阴雨天,空气湿度大,更应注意。煮头与风干的操作与要求与排血茸基本相同,只是带血茸头 3 天的风晾干燥是平放,排血茸是站立或倒挂。

③带血锯茸加工注意事项

防止鼓皮:带血茸在第二至第四次烘烤中易从主干或虎口处鼓皮。在加工中要特别注意检查。发现马上用针头刺入皮下,放出水气。待茸皮稍凉,在鼓皮处垫纸,用绷带轻轻缠压后,继续烘烤,或放置风干室风干。

防止破裂:烤箱内温度过高(超过 80℃)、烘烤时间过长,或鼓皮发现不及时,都能导致茸皮破裂。出现破裂应立即用毛巾盖住裂口用手握住,浇冷水,防止裂口继续扩大,待茸温下降后,在裂口处的茸皮上垫纸后用绷带缠紧烘烤。

防止糟皮:烘烤时温度低于 65℃ 以下,烤的时间过短,加工初期煮炸烘烤不及时,煮炸时水温过低,风干时间过长,风干室内通风不良、潮湿等,都能导致糟皮。糟皮最好不再水煮,要适当增加烘烤次数和时间,直到烘干为止。

防止臭茸:茸茸煮炸不及时,受潮腐败,天气炎热没有冷藏设备,加工不及时都易使茸发霉变质。在茸整个加工过程中,严守操作规程。

防止空头与瘪头:茸空头或瘪头多因煮头不及时,茸头风干或烘烤过度,茸尖部胶质熔化渗入髓质所致。在加工时,注意对茸体经常检查,严格按加工工艺要求及时煮头和适度烘烤与风凉。

防止乌皮:加工带血茸最易出现乌皮。出现乌皮是第一水煮炸茸体下水煮烫时间短,间歇冷凉时间长,茸表皮中血色素凝固过迟,或固定沉淀分布不均匀,或真皮与髓质间的血液没有及时排出造成的。在第一水煮炸时,头四、五次下水要快,煮炸时间长短适宜,间歇晾凉时间应为煮炸时间的 1/3~1/2 为宜。

(3)初角茸的加工　初角茸枝头小,茸形不规整,骨化程度较大,加工工艺比较简单。参考排血茸加工方法,一般需在水中煮 1~2 次,然后连续烘烤或自然风干即可。

4. 茸的保存与运输　茸加工结束后,用温碱水或肥皂水刷洗茸表,再用清水刷洗,将茸体表面的油垢等物刷洗干净(锯口和钉眼勿沾水),彻底擦干茸表的水分,风干 1 天。称重、登记后按照规格、等级分别装入撒有防虫剂的木箱,放在干燥处保存,防止潮湿、鼠害、虫蛀和丢失。长时间贮存时,应定时检查,观察其有无霉变和其他情况发生。

包装运输要求:运输茸的木箱应坚固、严密、轻便,四壁光滑,一般规格为 80 厘米×60 厘米×50 厘米。装箱前应用几层包装纸或泡沫塑料等软物铺垫箱底,茸间用纸团塞紧。锯茸要分类、分等级装箱,茸与茸之间的空隙要塞入填充物,防止磨掉茸毛或窜动甚至将茸碰坏。装完箱后上面要盖几层包装纸,加盖并压实、压严,再将箱子捆紧。箱壁外面应贴有"防止潮湿"、"切勿倒置"等字样,并应办理检疫证明,然后才可运输。

三、狍副产品的加工

在狍产品中,除狍茸产品,狍胎、狍筋、狍鞭、狍心、狍肉等都是副产品。这些产品既是珍贵的药用原料,又是名贵的保健品。适时收获,加工方法得当,对养狍经济效益都有重要影响。

(一)狍鞭的加工

1. 狍鞭与加工 古人说的"鞭"单指阴茎,现今所说的"鞭"包括阴茎和睾丸。公狍被屠宰后,剥皮时取出阴茎和睾丸,用清水洗净。将阴茎拉长连同睾丸钉在木板上,放在通风良好处自然风干。也可用沸水浇烫一下后入烘干箱烘干。加工后的狍鞭用木箱装好,置于阴凉干燥处保存,防潮、防蛀。

也可以将狍鞭洗净,切成 15~20 厘米的小段,置炒热的滑石粉锅内,烫至深黄色并鼓起时取出,筛去滑石粉后晾凉。也可将狍鞭洗净,去皮、毛和脂膜,切片后干燥,用油砂炒至发泡,取出,筛去油砂。然后磨粉入药。

2. 狍鞭的化学组成与功能 狍鞭内含有几种脂肪酸,睾酮、二氢睾酮、雌二醇等性激素,脯氨酸、甘氨酸等多种氨基酸及钠、钾、锌等多种无机元素。狍鞭的主要功能：补肾阳、益精血、强阳事；用于劳损、腰膝酸痛、阳痿、遗精，也治肾虚耳鸣等。其壮阳之理是因狍鞭与生殖系统有密切关系之故。

(二)狍胎的加工

狍胎是指从母狍中取出未出生的胎儿(包括流产的胎儿或妊娠母狍死后，取出的胎儿)和出生 3 天内的仔狍。以肥大齐全，不腐烂、无毛、胎衣不破的狍胎为佳品。

1. 狍胎加工方法

(1)酒浸　将生有被毛的狍胎用清水洗净，晾干毛后放入 60°白酒中浸泡 2～3 天，目的是防止腐臭。

(2)整形　取出酒浸的狍胎风干 2～3 小时，将胎儿姿势调整如初生仔狍的卧睡状态，四肢折回压在腹下，头颈弯曲向后，嘴巴插到左肋下，然后用细绳或铁丝固定好。

(3)烘烤　将整好形的狍胎放入烘干箱内烘干，开始时的温度为 90℃～100℃，烘烤 2 小时左右，当胎儿的腹围膨大时用细竹签在肋间或腹侧扎孔放出气体，接近全熟时暂停烘烤，此时切不可移动或触摸，否则会伤皮掉毛。晾凉后取出放在通风良好处风干，以后风干与烘烤交替进行，直至彻底干燥为止。干燥后将其妥善保管，防止潮湿发霉。对于没生被毛的狍胎，无须酒浸与整形，直接烘烤即可。烤狍胎要求胎形完整不破碎，水蹄明显，皮毛呈深黄色或褐色，纯干、不焦、不臭，具有腥香气味。

2. 狍胎膏的制作

(1)煎煮　首先用开水浇烫胎儿，摘除胎儿被毛，用清水洗净放入锅内煎煮。待胎儿的骨肉分离时，停止煎煮。将骨捞出，用纱布过滤胎浆，低温保存备用。

(2)烘干　将捞出的骨肉分别放入烘干箱内(箱内温度 80℃左右)烘干(也可放入锅内用文火焙炒干)。头骨和长轴骨可砸碎后再烘干,直到骨肉酥黄纯干为止。

(3)粉碎 将纯干的骨肉粉碎成 80～100 目的狍胎粉(加工干的狍胎可直接粉碎),称重保存。

(4)熬膏 先将煮胎的原浆入锅煮沸,把胎粉加入搅拌均匀,再加比胎粉重 1.5 倍的红糖,用文火煎熬浓缩,不断搅拌,熬至呈牵缕状不黏手时出锅。倒入抹有豆油的瓷盘内,置于阴凉处,冷凝后即为狍胎膏。也可以在熬制时根据需要,加入适宜的中药,制作特殊功效的狍胎膏。

3. 乳膏的制作 出生后 3 天内死亡的仔狍熬成膏,称为乳膏(一般也将其归于狍胎膏)。其制法基本同上述的狍胎膏。首先,为了容易去掉被毛,在仔狍蹄部切 1 个口,通过该孔向胎儿皮下充气,膨胀后结扎切口,而后置于 70℃ 左右的水中浸烫,取出刮净被毛。将其分割成几大块,放入锅内,加水煮至骨肉分离,捞出烘干,碾成细粉,煮胎原浆保存备用。熬膏时将原浆烧开,徐徐加入胎粉,并按胎粉与红糖 1：3 的比例加入红糖,不断搅拌,熬成膏状,倒入事先抹有豆油的瓷盘内,冷凝后即成为乳狍膏。狍胎膏内也可加入某些中药。

4. 狍胎、狍胎膏的品质和功能 优质狍胎膏应为颜色黑亮而富有弹性,切面光滑无胎毛,颗粒与红糖块不发霉变质。狍胎膏的主要功用是补血补髓、补肝肾,治虚劳、阴虚。用于肾虚精亏、体弱无力、精血不足、妇女月经不调、久不受孕等症。

(三)狍筋的加工

1. 剔筋的方法

(1)前肢的剔筋 在掌骨后侧骨与肌腱中间挑开,挑至跗蹄以下自蹄踵部切断,跗蹄及籽骨留在筋上,沿筋槽向上挑至腕骨上端筋膜终止部切下。前侧的筋也在掌骨前肌腱与骨的中间挑开,向下至蹄冠部带 1 块约 5 厘米长的皮割断。再向上剔至腕骨上端,自筋膜终止部割下。

（2）后肢的剔筋 从跖骨后与肌腱中间挑开至蹄蹄，再由蹄踵割断，蹄与籽骨留在筋上，自筋槽向上，通过跟骨、胫骨肌膜终止处割下。后肢前面从跖骨前与肌腱中间挑开至蹄冠以上，留1块皮肤切断，向上剔至跖骨上端到蹄关节以上切开深厚的肌群，至筋膜终止部切下。

（3）背部的剔筋 背部的肌筋系指背最长肌外侧筋膜。先将背最长肌取下，内侧朝上平铺在桌案上，然后用刀刮取完整筋膜。

2. 刮洗与浸泡 将剔取的筋膜放在桌案上，逐层剥离，刮去残肉，将剔好的狍筋用清洁的冷水洗2～3遍，放入水盆里置于阴凉处浸泡1～2天，每天早、晚各换水1次，直泡至筋膜上无血色，然后刮洗加工。刮洗加工需2～3次，两次刮洗之间需用冷水浸泡1～2天，直至将筋膜上的肌肉刮净为止。

3. 挂接和风干 狍筋通过上述加工后，将八根长筋分别放在桌案上，拉直。再将小块筋膜分成8份，分别附在8根长筋上，背部的筋膜分成4条分别包在不带蹄蹄的4条长筋外面。接好后8条狍筋的长短、粗细基本一致，使之整齐美观。阴干30分钟左右，把蹄蹄和留皮处穿1个小孔，用细木棍穿上，挂起风干。经过一段时间风干后，挂在70℃～80℃的烤箱内，直到烤干为止。狍筋干好后捆成小捆，放入烘干箱内烘干，至全干时入库保存。

4. 狍筋的化学组成及药用功能

（1）化学组成 狍筋内含有睾酮、雌二醇等性激素，脯氨酸、甘氨酸等多种氨基酸，钠、铁、锰、锌等多种无机元素。

（2）狍筋的主要功能 补劳损、壮筋骨，常用于治疗劳损、风湿性关节痛、转筋和坐骨神经痛等病。

（四）狍肉及其加工

狍肉滋味清淡，纤维较细，营养丰富，味道鲜美，风味良好，是柔嫩易消化的滋养品。狍肉在国内外市场上价格昂贵，深受欢迎。

狍肉可以加工成肉干供药用，剔骨后去掉大块脂肪，把肉切成1～1.5千克的小块，与骨骼一起放到笼屉内汽蒸。蒸至六七成熟时取出切薄片，摘净骨骼上的残肉，然后送到85℃～90℃的烘干箱烤成肉干。或将骨肉放到锅内，煮熟时取出，择出骨，去掉脂肪。把肉顺切成丝或以手撕碎，再放入锅中烘炒成黄色，晾晒风干即成。狍肉干要求清洁、干燥、不臭、无杂质，呈暗红色或黄色。

狍肉的主要功能是补五脏，调血脉。用于虚劳羸瘦、产后无乳等症，但不同部位的肉有着不同的功能。头肉主要功能是补益精气，用于治疗消渴、虚劳等症，煮食或熬膏。

此外，狍肉还可以加工成酱狍肉、红烧狍肉、熏狍肉等美味佳肴，推向酒店、宾馆，走向餐桌，发挥其营养和保健作用。

（五）狍角的加工

1. 狍角的加工　狍角的加工方法很简单，锯角只需晒干即可运输和保存。砍角则需要先将头顶部周围的肉完全除去，然后再晒干保存。

2. 角胶和角霜的加工　角胶的加工方法是将狍角锯成5～8厘米长的小段或直接粉碎，放入水中浸3～4天。将泥土洗净，血水浸出后，再加水煮熬24小时，将提取液以80～100目筛过滤。在滤液中加少许明矾，沉淀数小时后取上清液。然后将残渣和滤出的滤角一起再加水反复提取3次，至角酥易碎时为止。然后将历次提取液合并浓缩成胶，取出后倒入凝胶槽内，放置12小时后取出切成胶片，在帘子上阴干。隔1天翻1次，2周左右即可干透。在玻璃片上抹上一层油即可装盒保存。熬好的狍角胶呈棕红色或棕黄色、半透明。经提炼狍角胶后所剩下的残渣晒干后即为狍角霜。

3. 狍角胶和狍角霜的主要药用功能　狍角胶的主要功能是温补肝肾,益精养血。用于阳痿遗精、腰膝酸冷、虚劳羸瘦、崩漏下血、便血、尿血、阴疽肿痛。狍角霜的主要药用功能有补虚、助阳的作用。用于肾阳不足、腰脊酸痛、脾胃虚寒、呕吐、食少便溏、子宫虚冷、崩漏带下等症。

(六)狍心的加工

取狍心时,要先剖开胸腔,结扎心血管(防止心血流失),后割断,取出心脏,放出心包液,去掉薄膜和心肌附带脂肪。然后送加工室进行烘烤。烘烤温度要求 80℃,连续烘烤直至干燥。烘烤温度过高易造成心肌崩裂,损失心血,破坏有效成分。温度过低时,心血容易腐败。狍心的主要药用功能是用于治疗受惊、疲劳过度等引起的心动过速和心血亏损等病症。

(七)狍胎盘的加工利用

在母狍分娩产出胎儿后,对母狍细心看管,防止自食或其他狍食取胎盘。获取的胎盘用清水浸泡冲洗干净,放入烘干箱内,在 80℃～100℃温度下迅速烘烤,直至烤干呈淡黄色为止。碾末,备用。胎盘的主要药用功能是补虚、催乳。

(八)血液加工

1. 血的采集　将狍侧卧保定,在颈静脉沟上 1/3 处剪毛、消毒,纵向切开 5 厘米,剥离皮下组织,分离出颈动脉,在其远心端用缝合线结扎,近心端用止血钳钳压处,在结扎与止血钳间将颈动脉纵向切一小口,插入连接胶管的动脉放血管,并用缝合线将动脉放血管与颈动脉固定,胶管的另一端插入接血瓶。取下止血钳,动脉血即可流入接血瓶,直至狍死。

2. 血粉的加工 将采集的狍血倒入方瓷盘中约 3 厘米厚,于 60℃烘干箱中烘 30 分钟,切成薄片,再放入 60℃烘干箱中继续烘干,至全干酥脆时收集起来装瓶保管。

狍血有补虚、益精血的作用,用于虚损腰痛、阳痿、筋骨无力、失眠、心悸、崩漏带下,并能解痘毒或药毒。

第十章　狍场卫生与疾病防治

一、狍场卫生

（一）狍场卫生管理的意义和内容

1. 狍场卫生的意义　狍与其他动物管理一样,与生活的环境相互作用和相互影响。在阳光、空气、温度、湿度、土壤、水、饲料、生物因素等作用下,狍的机体不断调整自身生理功能的同时也影响周围的环境。例如,狍的排泄物可以影响空气,在夏季狍舍内可受到氨味的刺激,这种氨味又可以被空气流动带走,正常情况下不会影响狍的健康,这种情况属于空气的良好影响;但寒冷的气温会冻伤狍的身体组织,影响狍的身体健康,这种情况属于空气的不良影响。当然其他环境因素和条件也是如此,因此要加强有利因素的影响,减少不利因素的影响。要科学制订狍的卫生防疫措施、标准和规则,不断地保护和增进狍的健康,提高生产能力,获得更多产品,进一步提高经济效益。

2. 狍场卫生管理的主要内容和任务　狍场卫生管理内容是多方面的,它包括与狍接触的一切外界环境因素,空气、温度、湿度、光照、气体流动、降雨、空气中夹杂物及其化学特性、土质及其理化特性、水及其水质的理化特性、狍舍建筑材料及其结构的卫生要求、饲料卫生、饲养和管理卫生,狍的运输卫生,养狍工作人员劳动卫生与个人卫生等。

（1）空气卫生　空气环境的主要因素是温度、湿度、移动速度（风的力量）,气体成分、日光辐射能;此外,气压,空气中灰尘和微生物,气候等对狍也有重要影响。但是空气环境是不断变动的,为了控制狍体与空气的互相作用必须综合考虑其相互间所产生的反应。

①空气的主要作用 空气温度是变化的,狍机体有一定调节能力来适应这种变化,保持着一定的热平衡,如当外界温度低时,狍尽量减少体热放散,增强体热的产生。相反,当外界温度高(接近皮温或高于皮温)时狍力图增加体热放散,降低减少体热产生。当外界温度过高或过低,都会破坏体热的调节机制,狍就会发病。

②狍体热调节主要分产热和散热 产热主要依靠代谢旺盛的骨骼、肌肉、肝脏、腺体等组织器官,散热主要靠皮肤,其次是消化道、呼吸道、泌尿器官。皮肤散热又分为辐射散热、传导散热、对流散热和蒸发散热。辐射散热是以体表放射出看不见的红外线的方法来散热的,体表温度越高则散热越强;传导散热是指热以空气中一个分子直接传到另一个分子来散热;对流散热是通过空气移动,用新的温度较低的分子更换温度较高的分子,把热带走来散热的;蒸发散热是通过水分子由液态变为气态而把热带走,蒸发散热与狍体周围温度有关。

如果狍周围物体温度高、湿度大、空气流通性不良、狍营养好、脂肪多、被毛厚、密集,热天驱赶、密闭的车船运输等都会影响热的放散,狍体内多余热积留时,必然散热加强、产热减弱,进行自身调节。如体表血管扩张、皮温增高、体液分泌增强、呼吸脉搏加快、运动迟缓、食欲减退、消化作用降低等。当高温继续作用,体温上升到39℃～40℃时会出现心跳加快、结膜充血、兴奋性增强、出现痉挛。一些氧化不全的产物进入血液引起中毒,即所谓的热射病。当体温上升到41℃～42℃时,狍委靡不振、出冷汗、动作减弱、昏睡甚至死亡。

狍对热反应因个体不同而不同,一般壮年狍抵抗力强,老幼狍抵抗力弱。为减少高温对狍的危害,可加强狍舍通风、后窗打开、减少精饲料、饮冷水、疏散狍群、实行人工降雨和停止驱赶等。当发现热射病时可用冷水浇皮肤，必要时给予强心剂。肺充血时可用静脉适度放血的方法治疗。

低温也能对狍机体产生有害作用，特别是在狍舍保温性差、舍内温度低、空气流速快、湿度大、狍营养差、身体脂肪少等，都会促进热的放散。狍为减少体热放散、蜷曲身体、心跳减慢、呼吸加深、皮肤血管收缩。当狍机体进行调节时，代谢功能增加，对饲料的消化能力增强，使生命过程得到改善。当低温继续进行，狍体温会随之下降，皮肤贫血、皮温下降，内部器官温度也降低。心跳减弱、呼吸微弱、尿分泌增强、代谢减低、疲倦嗜睡，因血压低，中枢神经麻痹而死亡。

寒冷作用于局部，能使局部贫血、麻痹、坏死，即所谓冻伤。常发生在耳、乳房、四肢等部位。狍是野生动物，对寒冷有一定抵抗力，一般寒冷不会成害，但在舍饲情况下，如饲料少，数量不足、营养低下，加之狍舍透风、无垫草、狍疏散等都会增强寒冷对狍机体的危害，增膘复壮慢，影响产仔。

③湿度对狍的影响　湿度是指空气中的水气，通常用空气相对湿度来表示。即某温度时空气的绝对湿度跟同一温度下水的饱和气压的百分比。

湿度主要影响狍的体热放散，因为水气热容量是干燥空气的2倍，导热性是干燥空气10倍。若狍舍湿度大、温度低时会加速热的放散，使狍寒冷。温度高时会阻止热的放散，使狍热积留。

在低温高湿的狍舍中，秋、冬季节常患肌肉风湿、关节风湿，易感冒、患肺炎，并促进微生物孳生，使狍患传染病，如副伤寒等。潮湿还可以使饲料发霉、变质。同时，潮湿也给某些皮肤寄生虫的传播提供条件。

狍对干燥较有忍受性，当空气特别干燥又高温，使皮肤黏膜变干，空气中灰尘常被吸入肺内和附着于皮肤被毛上。

减少狍舍湿度的方法主要是建筑狍舍时就选择高燥地方,经常清除粪便和更换垫草。

④风(空气流动)对狍的影响　空气流动主要影响狍皮肤热的放散和变冷过程,当空气湿度和温度不变,则空气流速越快则散热越多,如空气温度低则散热更剧烈。由于狍舍是三壁墙的敞舍,无保温设施,流动空气直接作用于狍体,造成体热的大量散失。一些营养不良的老、弱、幼狍常在冬季死亡,原因之一在于此。

⑤太阳辐射对狍的影响　太阳射向地面的光能巨流称为太阳辐射。这种辐射能主要转变成热能,太阳热能和光能是一切生命的基础。辐射能对狍可产生复杂的影响。

光线通过眼睛发生神经兴奋,引起脑垂体及其他内分泌作用加强或抑制。如狍发情配种、胚胎发育等与太阳辐射能密切相关。太阳辐射作用可以有效预防佝偻病,可提高酶活性增强免疫能力,对狍体表细菌具有很大杀伤力。

狍较长时间在直射阳光下站立会使头温增高到 40℃～41℃,使血液涌向大脑,会使大脑皮质水肿血管破裂,即所谓患热射病。

(2)土壤卫生　土壤是取得植物收获的陆地疏松表面。其主要特征是肥力。狍在土壤上饮食、活动、休息、繁衍。土壤的卫生状况与狍身体的健康、发病、死亡有着密切的关系。高水位土壤可使一定地区气候变坏,是造成狍病发生的重要条件。被腐尸污染的土壤,会使某些传染病、寄生虫病蔓延。微量元素缺乏或过剩的土壤会使植物缺乏或过剩某些微量元素;狍采食这些植物,会发生某些特定的疾病。

如土壤中缺钾,缺钾的饲料会使新陈代谢遭到破坏,狍食欲不振,发生异食,造成胃肠疾患,甚至死亡;钠盐缺乏时,狍舔食周围物体,消化功能失常,脂肪和蛋白质合成作用减弱,生长发育不快,体重减轻,易疲劳;磷、钙缺乏或比例失调,会使幼狍患佝偻病,成年狍缺磷性周期失常,生殖率低;硝酸盐过多,硝酸盐在微生物和酶的作用下生成亚硝酸盐,亚硝酸盐能引起血红素发生变性,狍机体因血红素变性而窒息死亡。磷、铁、钠、钴是血红素的重要组成成分,缺乏这些元素狍机体可发生贫血;缺锰可使狍发生强直性痉挛,过多时也可使 B 族维生素氧化破坏,造成饲料性贫血。

土壤的自净作用与尸体消毒:土壤的自净作用是落在土壤中的有机物质发生矿物化而变成无害的矿物盐、水、二氧化碳的过程。矿物化作用主要是通过空气中的氧和土壤中腐生菌进行的。土壤颗粒大、富于孔隙、富于氧气的表层土自净得快而彻底;如果在氧气不够的条件下,有机物发生腐败,产生分解不全的产物,如氨、硫化氢、沼气及各种挥发性脂肪酸,这些气体散发恶臭味,使空气变坏,影响动物健康。

在没有废物利用的工厂时,对狍尸体的处理一般用掩埋方法,通过土壤自净作用使尸体分解成无害物质。专门掩埋动物尸体的地方应选择在地势较高的干燥地方,要离开住所、畜牧场、水源 1 000 米以上,周围有 1.5～2 米高围墙,门经常锁好。

对养狍场来说,用尸腐坑较为有利,尸腐坑深 9～10 米,宽 3 米,或正方形或圆形。坑壁用石头、砖、水泥砌成,加盖上锁,留通风孔道,尸体放进后 3～5 个月变为无害,并可作肥料。对于到处剥皮、解剖、内脏任意扔掉的不良习惯必须改正。

(3)饮水的卫生 水是维持生命的重要因素,占动物组织的 $50\%～60\%$。水能溶解动物生活所需的物质,运送营养、排出废物,分解、合成等都离不开水。幼年动物体内水分较大,正在生长的动物每增重 1 千克所需要的水量是成年动物或停止生长动物的 2 倍,所以供给狍足够的水,对于保证健康,提高生产能力都有重要意义。饮水不足可产生严重不良后果,如消化障碍、代谢产物不能排出、血液浓缩、中毒、生长缓慢等。

饮水卫生的基本要求:①透明无色、无臭、清洁适口,温度在 $2℃～12℃$,pH 值为 6.5～8。②饮水不应含有害的化学物质,如氨、亚硝酸盐等,不应被有机物污染。③饮水不应含有病原菌与寄生虫卵。④饮水不应含有毒有害物质,不清洁的饮水可引起各种疾病。一是传染病;二是寄生虫病;三是中毒;四是消化器官疾病。

目前,狍场饮用水主要是井水,井水水质取决于土地质量、水井结构、水层特性、水位深浅,附近有无坟墓、厕所、垃圾、畜禽圈舍等。深层地下水温度恒定,不受污染,最为清洁。也有用泉水、湖、河、塘水为水源,这些水性质不稳定,污染机会多,必须经过卫生处理后方可饮用。

处理水的基本方法有沉淀、混凝、过滤和消毒。

第一,沉淀。是利用引力原理,水在静止时使其浮游物自然下沉,水置留6～8小时可沉淀60%浮游物质,尚不能满足要求,必须再行处理。

第二,混凝。是在水中投入化学药品,如硫酸铝、明矾、硫酸亚铁等,这些物质在水中形成胶质絮状物,借以吸附水中微细的浮游物和细菌,另外胶质微粒与浮游物带不同电荷可互相吸引、凝聚沉淀净化。混凝剂用量取决于水的浑浊程度,一般1升水用5毫克,浑浊水用50～150毫克。

第三,过滤。水通过透水物质,除去水中浮游物和细菌称过滤。一般多用沙滤,滤池用砖石水泥砌成;大小根据用水量而定。中间有隔壁,下有水孔,一边装沙滤物,一边则是清水。常见的沙滤池见图10-1。

第四,消毒。为保证水质安全,消毒是必要的。常用消毒剂有漂白粉,价廉、方便、效果可靠。漂白粉也叫含氯石灰,主要成分是氯化钙、次氯酸钙、氢氧化钙,与含有二氧化碳的水结合,生成不稳定的次氯酸,而后又分解成初生态氧化氯,起直接杀菌作用。用量是1升水用1毫克有效氯。可制成1%～3%的乳剂,贮于褐色瓶中,用时按量投入水中,急速搅拌,使氯与水接触1～2小时。市售漂白粉含有效氯25%左右,用时应先测定有效氯含量。

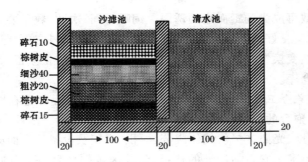

图 10-1 沙滤池剖面图 （单位：厘米）

狍的饮水量受很多因素影响，变化很大，一般每天饮水4～6升。饮水温度对狍影响很大，凉水能刺激饮欲，满足口渴，但水温比体温低时能降低体温、消耗体热，尤其在冬季饮进的冷水要靠体热升温，需消耗饲料中的热能，造成饲料的浪费，因此在冬季一般饮温水。

（4）饲料卫生　饲料是养狍业的物质基础，饲料也是发生疾病、引起中毒和传递病原的因素之一，所以要求饲料不但要营养全面，而且要不受污染和不变质。

饲料的主要生理和卫生要求是：①饲料必须营养全面、容积达到饱腹需要。②饲料要多样化，适口性强，易消化。③饲料要无毒无害、不变质、不污染。④饲料要经过加工调制。⑤饲料应就地解决、保证供应、经济实惠。

要禁止在疫区采食、收购饲料，防止饲料在运输贮存中受到污染。禁止饲喂发霉变质饲料。饲料要加工处理，以提高消化率，如豆类、子实类要粉碎，有的要熟化；秸秆类要切短、粉碎；块根类饲料切成条状、片状以防食管梗塞；防止饲料混入金属异物如铁钉、铁丝断头等，防止发生心包炎和创伤性网胃炎。

饲料贮存仓库要高燥通风。饲料调制室要整洁、干净。当日调制当日饲喂，夏季要每顿调制、每顿饲喂。严禁饲料酸败，玉米饲料酸败可成为肠毒血症的诱因。饲喂时间、次数、数量要相对稳定,以建立良好的条件反射,有利于消化吸收。饲料变更要逐渐进行。突然变换饲料易造成消化功能紊乱。此外,防止家畜、家禽窜入饲料仓库。

(5)狍舍卫生 狍在圈养之后的整个生命过程都是在圈舍中度过的,狍舍的卫生状况直接影响其健康和生产力。因此,狍舍的温度、湿度、光照、空气、气体成分、面积、容积及设备等方面必须符合卫生要求。它包括场址的选择,建筑区域的规划,适用的材料,正确的建筑技术,合理的内部设备与良好的管理等。

①场址的选择 应选在高燥平坦的或稍有斜坡的地方,不宜建在低洼处,低洼处湿气多,寒气聚积,气流不畅。建场地点光照充足,避免冬季主风,防止地表水流入,地下水位低,要水源充足,水质良好,远离交通要道及村落,养狍区、办公区、生活区有一定距离。

建筑材料应因地制宜,就地取材,坚固实用,棚舍围墙多用砖石结构代替土木结构。狍舍建筑方式是采取三壁开放式,每只狍建筑面积 1 平方米,运动场面积 8 平方米。

②狍舍地面 要求有保存热量的特性,不透水。平整、干燥、坚固、不滑不硬、排水好。棚舍地面俗称"寝床",以地板为最好,但用得很少。运动场多以砖地代替石板地面和土地面较为适用,但砖导热性大,冬季滑;冬季棚舍内要铺以垫草或干粪以利保暖。为保持狍舍清洁,应每天清扫 1 次,清除粪便及食物残渣。粪场应设在狍舍的下风处和下水处,远离狍舍水源的地方,一层层堆放便于生物发酵无害处理后应用。

(6)杀虫与灭鼠 狍场常有害虫和鼠类为害。蚊、虻吸血传染疾病,蝇扰乱狍的休息和反刍。蝇身常携带数百万个微生物,其中有炭疽杆菌、结核杆菌、大肠杆菌、链球菌及蠕虫卵等。

鼠类能吃掉饲料咬坏物品,是结核、炭疽、出血性败血症的带菌者,是伪狂犬病、布氏杆菌病、钩端螺旋体的排菌者,狍场要定期杀虫灭鼠。

杀虫方法有机械方法,如蝇拍打;生物方法如鸭、蛙类等吃掉水中蚊虫幼虫,燕类捕食蚊虻等;化学灭虫法最常用和最适用,可设毒蝇点,毒杀成蝇。

选择化学药物的要求:①对昆虫有致死作用而对人、狍等毒性小。②药效快、用量小、稳定,不受温度、日光等影响。③有效时间长,不易燃易爆,价格低廉。

常用灭蝇的药物有二氯苯醚菊酯、溴氰菊酯、氯氰菊酯等,除虫菊酯对人、畜较安全。

狍舍内外必须保持清洁卫生,无粪便、无污水、无垃圾。药物杀虫可用敌敌畏 1 千克加水 500 升,喷洒地面、墙壁,也可用蝇毒磷 1 千克加水 400 升喷洒地面、墙壁。灭蚊、蝇可用 0.2％除虫菊酯煤油溶液喷雾;灭蜱可用二氯苯醚菊酯 15 克,加酒精 0.6 千克再加水 22 升喷雾。灭蝇也可用黏蝇纸、捕蝇器或捕蝇拍进行捕灭。黏蝇纸的做法是 2 份松香加 1 份蓖麻油涂在纸上,放在蝇、虫聚集的地方,可保持黏蝇特性 2 周。

鼠类不仅携带病原菌造成疫情病传播,它们还会咬建筑物和饲养用具,偷吃粮食,并污染饲料,养狍场一定要经常灭鼠。可以使用捕鼠器捕鼠,也可使用化学药物灭鼠,常用的灭鼠药有敌鼠钠盐、氯鼠酮、杀鼠醚、溴敌隆、大隆、杀他仗等,禁止使用急性杀鼠剂,控制使用磷化锌。

灭鼠有机械法包括夹、压、扣、套、吊、淹等,常用工具有鼠夹、鼠笼、石板扣、勒弓、千斤闸等。诱饵应为新鲜有香味的,器械每天灭鼠后用火燎一燎,可去掉鼠类有感觉的气味。还有堵鼠洞烟熏、灌水等坚持经常都有一定效果。生物灭鼠法是根据鼠类易感染鼠伤寒,鼠伤寒对人、畜危害小的特点,使用鼠伤寒细菌培养物制成毒饵,定期撒在鼠患严重的地方,可使鼠大批死亡,死鼠要深埋或火烧。此法不可长期使用，免得使鼠获得免疫性。其次，利用猫、黄鼠狼、鹰、野猫等鼠类天敌灭鼠，但黄鼠狼经常被人捕获。

化学灭鼠药种类很多，使老鼠1次食药立即死亡的药如氟乙酸钠、氟乙酰胺、灭鼠宁等，这类药物毒性较大，对人、畜不安全，用时要十分注意。使老鼠每天吃药少许，靠蓄积中毒而死的药有如鼠完、杀鼠酮、敌鼠、可灭鼠、比猫灵、敌害鼠、杀鼠速（立克命）等。这类药物能降低血液凝固力，引起老鼠出血而亡，该药物无味，无臭，老鼠重复采食，无早期症状，不引起鼠类警觉，对人、畜较安全。

毒饵以麦粒，玉米炒熟加食用油，以15～20：1比例，混拌药物，大米饭蘸玉米面团成豆粒大的球，放在纸上洒上药，轻轻滚动药附在上面效果最好。毒饵应晚上放置，且不可放在饲料附近，防止其混入饲料引起狍中毒。

（二）狍场卫生防疫措施

1. 诊断 一旦发生传染病要立即上报疫情，同时要迅速做出诊断，以便采取相应措施。诊断可根据疫病流行情况，如发病的时间、地点、季节、流行情况，附近是否有其他畜禽发病等；根据饲料、饲养、环境卫生情况，根据临床症状、解剖症状；如果现场缺乏试验诊断条件，可取病料送有关单位进行细菌学诊断和动物接种诊断及免疫学诊断等。

2. 病料的采集与送检 很多疾病在临床上都难以确诊，因此最后定性必须进行实验室诊断，这就涉及如何采集病料，保存及送检等，以保证检验结果的可靠性。

皮肤取有病变的部位10厘米×10厘米1块，保存于30％的甘油生理盐水中。粪便取新鲜粪便（最好从直肠取）或剖检后取后段肠管粪放入灭菌瓶中。血液可采用静脉、耳尖等方法采血，然后将析出的血清收入试管中送检。肠内容物可取一段病变明显的肠管，两端用线绳结扎后剪断，装入干净的塑料袋中送检。实质脏器需采集心、肝、脾、肺、肾各采取 2 厘米×2 厘米,分放于无菌小瓶或干净塑料袋中。

采集的病料送检时,特别是要经过长途运输时,一定要低温保存,可在装病料的保温箱或广口保温瓶内放入冰块,这样可使病料一直保持新鲜度,保证检验结果的准确性。

3. 检疫等免疫接种　检疫是通过某些诊断方法来确定某些传染病的感染,以及时发现病狐,进行及时隔离或采取治疗措施,防止传染扩大而累及群体。一般对布氏杆菌病每年都进行检疫。此外,如结核、副结核病等也应进行检疫。这些慢性传染病潜伏期长,不断排菌,对健康狐威胁很大,应引起足够的重视。

免疫接种是预防某些传染病发生的一种最积极有效的手段,是给狐注射疫苗(病毒苗)和菌苗(细菌苗),使狐产生相应抗体,达到预防传染病的目的。包括平时的预防接种和发病时的紧急接种,是控制部分传染病发生的重要手段,切不可忽略。目前,我国使用的疫苗有卡介苗、魏氏梭菌苗、巴氏杆菌苗、狂犬病疫苗、布氏杆菌苗及口蹄疫苗等。此外,副结核病疫苗正在试验免疫进行中。

4. 隔离与封锁　当发生传染病时,必须采取隔离措施,才能尽快控制疫情。对有明显症状的病狐,应立即移入隔离圈,并由专人饲养、护理和治疗。所用一切工具均应固定,入口处应设置消毒池。

对无临床症状并与病狐接触过的可疑感染狐,这些狐可能处在潜伏感染阶段,并有向外界排毒的危险,应另行单圈饲养,详细观察,一旦出现症状则按病狐看待。最后,在确诊后进行紧急接种或以药物预防性治疗,经 7～14 天不发病者可视为健康狐。

对假定健康狐即与病狐没有接触,一切正常的狐应进行紧急接种或以药物预防一个疗程。

当暴发某些烈性传染病,特别是人畜共患传染病时,除隔离之外还应进行封锁。封锁应在流行早期,当机立断,要严密,范围不

可扩大。要在封锁区边缘设立标志和岗哨,禁止车辆、行人、动物等通过封锁线。在封锁区内应采取下列措施:

对隔离的病狍进行治疗、急宰和扑杀,尸体应深埋并做严格的消毒处理。对污染的饲料、垫草、粪便、用具和狍圈应严格消毒。禁止外输狍和污染的饲料。对疫区和受威胁区的易感动物应及时做预防接种。在最后1头病狍痊愈、急宰和扑杀后,经过一定封锁期,再无新病例时,经全面彻底的终末消毒后解除封锁。

5. 消 毒

(1)消毒种类　根据消毒作用和时间可分为预防消毒、临时消毒和终末消毒3种:

①预防消毒　预防传染病发生,在非疫区内配合兽医防疫措施所进行的消毒为预防消毒。主要是定期消毒圈舍、用具等。主要药品有10%～20%生石灰液,10%漂白粉液,30%草木灰水等。

②临时消毒　在发生传染病时,消灭狍或病畜散布的病原为目的的消毒。如病狍停留场地、排泄物、剩余饲料、管理用具、工作人员的工作服、鞋等,消毒宜早期进行。应根据传染病种类选消毒药,如病毒性传染病,用2%～4%苛性钠热溶液,含2%～3%活性氯的漂白粉液,抵抗力较强的细菌性传染病(如炭疽、气肿疽、结核病等)用10%苛性钠热溶液、含50%活性氯的漂白粉、40%甲醛、10%硫酸-石炭酸溶液等。一般的传染病如布氏杆菌病、大肠杆菌病等,应用4%苛性钠热溶液、20%生石灰液等。

③终末消毒　发生传染病解除封锁后进行彻底的消毒为终末消毒。消毒要彻底仔细,必要时要翻新地面。

(2)消毒对象　狍舍消毒包括地面、墙壁、料槽、水槽、隔离小圈等;土壤和粪便消毒。被传染的舍地、牧地等消毒方法是疏松土地,增加透气性利于细菌间拮抗作用和土表的阳光消毒。被污染的表土、垃圾、粪便要集中进行生物学消毒。水要进行消毒。产品消毒包括皮、筋、茸、血、胎等在加工过程中已达消毒目的。运狍车的消毒等。

(3)常用消毒药品

①苛性钠(氢氧化钠)　3%～4%能杀死细菌和病毒的繁殖体。30%在10分钟内能杀死炭疽芽胞,加入10%食盐能增强杀伤力。

②生石灰　消毒力强,加水生成氢氧化钙(熟石灰)而起杀菌作用,通常配成10%～20%乳剂使用。配法是:取1千克生石灰加入1升水消和(消和是生石灰加水生热形成熟石灰的操作过程)将所得熟石灰再加9升水,即成10%石灰乳剂;如仅加4升水即成20%石灰乳剂。生石灰吸收空气中二氧化碳,变成没有氢氧根的碳酸钙而失去杀菌作用。所以,要干燥密闭保存,现用现配。

③草木灰(即碳酸钾)　是易得的廉价消毒药,木柴灰比草木灰有效成分高。用时将筛过的草木灰按3:10与水混合,搅拌煮沸1小时后用上清液即可,可洗刷锅具、工作服等。但对炭疽芽胞、气肿疽菌无效。

④石炭酸(酚)　是苯的一部分氢被酚取代的化合物。能改变细菌表面张力,进入菌体,溶于类脂中使细菌死亡。常用3%～5%溶液,因有异味、价贵、对神经细胞有刺激作用(5%溶液可使手麻木)应用受到限制。

⑤来苏儿　是肥皂乳化的甲酚,价格便宜去污力强,消毒力比石炭酸大4倍,常用1%～3%溶液。

⑥酒精(乙醇)　乙醇分子进入菌体蛋白质肽链的空隙内,使菌体蛋白凝固沉淀。因此,70%酒精渗透力最强,杀菌力也最强。加入10%硫酸或氢氧化钠能增强消毒力,因氢氧化钠能阻止病毒蛋白质凝固,使酒精达到病毒深部的缘故。

⑦漂白粉(含氯石灰)　在水中能分解出新生态氧和氯即有杀菌作用。市售漂白粉含有效氯在25%～33%,如有效氯低于15%则不适合消毒用,在使用前应进行有效氯的测定,每月有效氯损失

1％～3％，如有效氯低于25％，其用量必须校正。漂白粉能由空气中吸水成盐，消耗有效氯，所以应密封保存于干燥凉爽的地方。一般用10％～20％漂白粉混悬液消毒地面、土壤、车船、污水井等。漂白粉溶液的配制方法是称量漂白粉20克放在容器内，搅碎团块，加水成浆，再加至100毫升水搅拌沉淀24小时，上清液供喷雾消毒，沉淀供地面污水消毒等。

⑧高锰酸钾　不仅可以消毒，还可以除臭，在酸性液中效力增强。0.1％具有杀菌作用。2％～5％在24小时内能杀死芽胞，3％能杀死厌氧菌，常用4％溶液消毒饲料间、料槽。高锰酸钾遇有机物被还原成无刺激性的二氧化锰，所以多用于皮肤黏膜消毒。

⑨甲醛　对眼、鼻黏膜有刺激性。37％～40％水溶液称福尔马林，低温长期保存形成絮状的三聚甲醛。为防止聚合可向福尔马林中加入少量甲醇；为使絮状物散开，可向100毫升福尔马林中加入35％碳酸氢钠50毫升即可。甲醛的消毒力很强，0.2％～2.5％溶液6～12小时可杀灭芽胞菌。常用其消毒地面、土壤及用具。甲醛蒸气（方法是将25克福尔马林与25克高锰酸钾倒入容器中加热水1 250毫升混合即可）消毒圈舍效果好，24小时后通风。

⑩新洁尔灭　能凝固蛋白质和破坏细菌代谢过程，1％用于皮肤、手指消毒，0.05％～0.1％溶液浸泡器械，浸泡金属器械时需加0.5％亚硝酸钠防锈。注意的是如消毒前用肥皂洗手，需用水冲净再消毒手指。

(三)狍场卫生防疫制度

1. 饲料　①严禁在疫区采购饲料。②防止饲料在采集、运输、保管中受污染变质。③对可疑饲料要经过兽医检验，是否被病原菌污染，是否发霉酸败，是否混入沙石、异物，然后视情况决定可否利用。④饲料要经过加工调制，以提高消化率，子实饲料、油饼类饲料要粉碎、浸泡；块根类饲料要切碎；秸秆类饲料要铡短或粉碎，浸泡饲料不应超过　　　小时，以防酸败。⑤饲料仓库要地势高燥、通风良好、要做到防鼠、防雀。⑥严防禽兽、家畜窜入饲料地、饲料仓库。

2. 饮水　①要保护水源不受污染。兽墓、粪场要远离水源。②饮水应保证清洁、透明、无味无色、无病原微生物、无寄生虫及寄生虫卵。③对饮水要定期检查，在雨天地下水位高时，对井水、泉水等饮用水要进行消毒。④狍饮水要充足，冬季应饮温水。

3. 狍舍　①考虑到卫生防疫需要，狍场在选择场址时，要远离村落、牧场、交通要道。地势要高燥、背风向阳。②狍舍建成时要排水通畅，地面平整便于清扫。③要保持狍舍清洁干净，应每天清扫 1 次。④粪便垃圾要堆放在狍场下风、下水远离水源地方，要远离狍舍 100 米以上。粪便经生物消毒后方可作肥料使用。⑤料槽、水槽及用具要经常保持清洁。⑥狍舍要每年消毒 2 次。即产仔前和配种前各消毒 1 次。发生传染病时要临时采取紧急措施。⑦饲养工作人员要穿工作服和工作鞋（靴）、工作服和工作鞋（靴）不得穿回家和场外其他地方。⑧外来参观学习人员要经过批准和消毒后方能入场，参观人员不宜进入运动场，更不宜接触狍群。⑨饲养人员不能在狍舍内接待亲友。⑩狍场出入门口要设消毒槽，或其他消毒设备，进出人员要认真进行消毒。

4. 饲养管理　①狍舍的饲养用具要固定使用，各舍间不得串换，用后放在固定位置。要随时保持清洁，更不能到场外使用。②非狍场车马严禁进入场内。运送饲料的车等要在指定地点通过和停车，不得使用本场饲养用具，遗留粪便等残留物要及时清除。③本场运送饲料的汽车，拖拉机及马车车厢必须清洁，必要时要进行清洗消毒。严禁用运过农药的和运过粪的车未经洗刷就运送饲料。④死狍要在指定地点进行解剖，不能随意处理。⑤职工家属饲养的猪、鸡不得进入狍场，如发生疫情要及时报告。⑥驯化的狍群要在指定地区驯化,不得与其他家畜混合。

5. 隔离封锁 ①发生疫病时要立即报告上级领导部门,必要时可申请有关单位协助防治。②对病狍及早进行分群隔离,对隔离狍要细心观察,精心饲养,积极治疗。③必要时要划分疫区,实行封锁。当狍场附近发生疫情时,狍场也实行封锁,封锁期间外人不得进入狍场,场内人员不得随意外出。④对传染病或疑似传染病死亡的狍只、牲畜尸体,要在兽医人员监督下进行处理,如焚烧或深埋等。对其用具,残留饲草、粪便要严格消毒或焚毁。⑤对未发病狍,以及狍场饲养的牲畜要进行检疫。对阳性、可疑动物要隔离观察,进一步确诊后,视情况予以淘汰。⑥狍群周转,购入、售出时要事先进行检疫,对病狍要严禁调入调出。⑦新调入狍要隔离饲养观察 1 个月以后,证明无病时方可混群饲养。⑧狍及狍场的畜、禽要定期检疫和预防注射。并要掌握附近群众饲养畜、禽的疫情,要经常做好防疫宣传工作。⑨布氏杆菌病和结核病患者不能担当饲养员。

6. 消毒 ①常年要备足适宜的消毒药品及消毒用具。②狍场入口处应设消毒槽,内放生石灰或消毒液,要注意更换,以保持有足够的消毒力。③饲养人员到疫区访亲会友,回场后要经过严格消毒处理后方能进狍舍工作。④消毒之前要进行彻底清扫,消毒药必须有足够浓度。消毒时喷洒药液要均匀,不得有死角空白。

二、狍的疾病防治概述

(一)狍病的特点

狍属于野生动物,在圈养条件下与外界接触较少,饲养管理正常,卫生防疫措施得当的情况下不易患病。但往往由于饲料,饲养管理失宜,卫生防疫措施不力,这是狍患疾病和感染疫病的重要原因。如饲料中缺钙或钙、磷比例失调,可使仔狍患佝偻病;因与结核病动物群毗邻,或人工哺乳仔狍饮用患结核病的牛奶等。特别是当狍驯化程度增高,与外界接触增多,加上媒介作用,狍的传染病也增多,如狂犬病、李氏杆菌病、弓形虫病等。

　　狍属于复胃反刍动物,草食兽,处于由野生变家养的过渡阶段,如牛、羊反刍动物易患的疾病,狍一般都易感。但与家畜相比,仍保留着不同程度的野性与群性,如对外界刺激反应灵敏,胆小易惊,抗病力强,在疾病的感染初期往往症状不明显,不细心观察很难发现。而当发现病态时,已是患病的中后期,如为某些外科或常规疾病尚易确诊,但若是流行的某些传染病或内科病则需进行麻醉后进行检查。这样,常使病势加重,甚至死亡,即便不进行麻醉,在捕捉或注射药物时,也能造成病势加重和死亡。通常用于家畜检查的一般方法如叩诊、听诊等不适于狍。因此,对狍病的诊断应重点放在问诊、视诊、触诊、体温检查、尸体剖检及实验室检查。

　　在传染病方面,多以地方性流行形式出现。如暴发布氏杆菌病,与狍场频频进入牛车运粪等有关,或用未消毒牛、羊的乳汁哺育仔狍。巴氏杆菌病的流行往往发生于应激反应,如阴雨连绵、气候骤变、饲料突变、低劣饲养或附近的家畜发生该病时而传染。肠毒血症经常于运输、饲料改变时出现。公狍在配种期,性兴奋和冲动特别强,争偶激烈,互相顶撞,活动频繁,肢蹄极易损伤,因而于配种后易发生坏死杆菌病的流行。此外,配种期公狍食欲不振,加上过度的体力消耗,使机体抵抗力迅速下降,条件致病菌如魏氏梭菌、巴氏杆菌、大肠杆菌、枸橼酸杆菌、李氏杆菌等常在此时出现,致使公狍发生急性感染死亡。狍场卫生不良,产仔期遇低温多雨,则仔狍白痢病流行。仔狍分群采取的措施不当,易大批发生坏死杆菌感染。口蹄疫的发生与牛、羊及猪流行该病密切相关。狍易感结核病,并主要侵害淋巴系统,与其群养和卫生防疫不严有关。

　　总之,狍的疾病特点不仅与其本身的生物学特性有关,如种属的易感性,也与家畜如牛、羊流行的疾病有直接联系。因此,根据狍疾病的上述特点,应采取适宜的治疗方法,更主要的是要把整体预防放在首位。

(二)狍病发生的一般规律

1. 狍病与年龄的关系 狍的年龄不同,发生的疾病也不同。幼年仔狍,尤其哺乳仔狍,由于生理学与解剖学上的特点,如神经系统不健全,消化道屏障功能低下,极易患胃肠器官疾病和呼吸器官疾病,而且死亡率较高。但是,由于能从母体获得某些抗体,在一定时期内对某些传染病感受性低。壮年狍机体反应性高,在感染某些传染病时通常表现比较强烈,在分群串圈时意外伤害多,如骨折、大出血,在这个基础上还可以继发其他疾病。老年狍抵抗力下降,防御功能减弱,特别容易发生疾病和疫病,且预后不良。

2. 性别与疾病的关系 母狍每年都要繁殖仔狍,因此,产科病如难产、子宫脱垂、乳房炎等较多,占总发病率的5%～8%,由于助产不当,死亡率也很高,约占产科的1/3;公狍意外伤害多,因锯茸造成的疾病也只有公狍才有,如锯茸感染,出血休克,保定不善造成的骨折创伤等。公狍间互相爬跨造成穿肛,直肠脱出也有发生。

3. 季节与疾病的关系 不同季节狍发病率和疾病种类有所不同。我国疆域辽阔,南北地理环境相差悬殊,气候差异很大,同一季节狍的发病趋势也不尽相同,以吉林省为例,春季疾病较少,可能是与此时母狍真孕期,公狍生茸后期管理好有关。夏季母狍产科病、仔狍病较多。秋季主要是公狍的坏死杆菌病;由于雨量多、湿度大,胃肠病也常见。冬季,在饲养管理不当,防疫卫生欠佳的情况下,公狍因抵抗力下降,发病多、死亡率也高,而母狍、仔狍发病相对减少。

4. 狍病与其他动物疾病的关系 动物在野生条件下,其疾病发生的很多情况与周围动物的健康状态有关,这是因为有许多疾病能在各种动物间互相传播和感染的关系。一些资料指出:狐狸是貂等鹿科动物狂犬病病原菌的传播者。

貂在圈养条件下,本不易患病,但是由于和家畜接触机会增多,加上媒介作用,许多家畜的传染病与寄生虫病对貂的侵害也日益增多。

因此,在认识貂病发生规律时应考虑到貂群周围环境,与各种动物的健康状态,尽可能减少貂与家畜的接触,做好日常的防疫卫生工作。当貂场附近畜群流行某种传染病时,要及时采取预防措施。

(三)貂病治疗原则

貂虽经过驯养,但仍处于野生或半野生状态,与家畜比起来,诊断、治疗,都有困难。家畜可用视诊、听诊、触诊、叩诊等其他先进诊断技术进行诊断。貂病诊断多半只用视诊,测量生理常数困难,治疗时还得捕捉保定等。基于这种情况有些病貂不能及时得到治疗。另外,有人认为貂气性大,有病不能治,这也是造成貂病不能及时治疗的原因。

因貂保定、捕捉困难,使貂病不能连续治疗。不能按规定疗程给药,影响病貂治愈率。

所谓治疗,是指通过一定刺激(药物治疗等),改善机体功能,以维持和延长生命而言。貂是有机体,其功能失常时也需要改善,病貂经过治疗,效果也很好。

治疗原则,一是及时治疗,就是趁损害轻的时候就治,这时貂的机体损害轻,抗病力尚强,容易恢复平衡,即治愈快;二是连续治疗,使药物持续发挥作用,特别是抗生素药物更应按规定的时间内给药,不然达不到预期效果;三是药物选择上,主要考虑貂不易捕捉,要用首选药物,一旦捕捉后就要全身治疗与局部治疗相结合进行全面治疗;四是要坚持狍病能治好的信心,排除狍病不能治疗的观点。

(四)狍的保定

1. 眠乃宁注射液 本品为近年研制成功的鹿科动物特效制动药,由作用于中枢神经系统的强效药物二甲苯胺噻嗪和二氢埃托啡以最优配比复合而成,药物分子通过作用于动物神经中枢特定受体后引起中枢性镇静、镇痛和肌肉松弛作用,使狍肌肉松弛,自行倒卧,安静睡眠,痛觉消失,进入较深的全身麻醉状态,从而实现制动。本药物的药理作用是自行可逆的,且不涉及生命中枢,故有较大的安全系数,健康狍可安全耐受推荐剂量的 3～4 倍,加之配有特效拮抗药苏醒灵 3 号、苏醒灵 4 号注射液,静脉注射后 30 秒起效,能迅速拮抗、对抗眠乃宁的药理作用,使处于深麻醉状态下的动物迅速苏醒起立行走,这更确保用药安全。

眠乃宁为全身麻醉药,对动物呼吸、心脏功能有一定抑制作用,这种抑制作用对健康动物不构成有害性影响,动物机体完全可以耐受,但某些心、肝、肺、肾等实质脏器有严重病变的狍,有时不能耐受本品,偶尔发生死亡。本品可经胎盘血流进入胎儿体内,对胎儿发挥药理作用。

2. 用法用量 肌内注射给药,狍 1.5～2 毫升/100 千克体重,年幼体壮动物适当增量,年老体弱动物适当减量,宜按推荐剂量的上限给药,便于一针击倒,如给药后 15 分钟达不到理想制动效果时,可追加首次用量的 1/2 至全量。

苏醒灵 4 号注射液一般按眠乃宁注射液用量的等容积计算药量,苏醒灵 3 号注射液则按眠乃宁的倍量使用,静脉注射。如把苏醒灵 4 号与适量苏醒灵 3 号混合一起应用,其催醒效果更佳。

3. 适用范围 本品可用于鹿科动物的各类制动,如收茸、治疗、手术、助产、采精、检疫、运输等均可使用。是当前应用范围最广、最安全有效的药物。

4. 注意事项　①动物患有严重实质脏器病变、饱食或剧烈运动后仍处于高度兴奋状态时禁用本品；妊娠后期动物慎重使用。②应空腹条件下使用本品(禁食 12～24 小时)，狍倒地后应将头颈垫高，颈部摆直，防止瘤胃内容物逆流时误吸入肺脏造成窒息。③给药后应安静诱导，避免外界刺激，待狍平躺 3～5 分钟再行相应处置。应尽量避免环境温度过高时用药，如必须使用，则一定要有解药保障安全，且动物醒后 2～3 小时应有专人看护进行适当驱赶，以防复睡发生。严寒条件下狍对眠乃宁的耐受性增大，应增加眠乃宁用量，并相应增加催醒剂的用量。④狍肌内注射本品后 7～10 分钟倒地熟睡，用药量恰到好处，药物反应最平稳，不给解药 2～3 小时可自然苏醒起立，给予等量苏醒灵 4 号，可在 2～3 分钟苏醒。如给药后 3～5 分钟倒卧，或诱导期间反应剧烈、头颈强直后弯或突然摔倒时则表明或是眠乃宁用量偏高，或是狍体敏感，应在处置完毕后按眠乃宁的倍量给予苏醒灵 4 号，并且静脉和肌内各注射 1/2，使两药在体内代谢同步，充分催醒。⑤本品肌内注射给药后血药达峰时间 30 分钟，半衰期为 2.5 小时，24 小时后从体内排泄完毕，因此本品不可短时间内连续使用，用药间隔时间至少 24 小时以上。本品作用剧烈，不可误用于人体。⑥本品为化学保定剂，应严格管理并由专业兽医人员使用。药液沾染人体皮肤时应及时用水清洗。用具亦应及时清洗。药品应存放阴凉处避光保存。

(五)狍病的检查方法

狍与其他家畜不同，人不易接触，这给诊断带来困难。但狍的抵抗力很强，病初症状不显露，当症状明显时已近危期，所以饲养人员要时刻注意狍的精神、食欲、反刍、饮水、鼻镜、黏膜、粪便、被毛、姿势、运动等是否正常，反常就是病的表现，一旦发现异常要由专业技术人员及早检查,做出诊断,以便治疗。

1. 询问病史 这是有助于诊断的主要步骤,很多饲养员有"跟群走"习惯,对狍熟悉、有感情,向他们了解狍病有关的一些情况,进行综合分析,给最后的正确诊断提供依据。但是涉及责任问题饲养员有时不愿说或有意隐瞒,因此询问病史时要耐心细致,打消顾虑。同时,专业技术人员也要深入狍群,掌握第一手材料,询问病史的内容有以下几点。①发病时间,如开始减食、拒食、停止反刍、何时呼吸困难、姿势异常、粪便异常等。由此可知病在初期、还是后期,是急性还是慢性。②病狍数目及有无死亡,如果多数狍同时发病,可疑为传染病。如在喂饲某种饲料后,发病可疑中毒。在近日先后有死狍,以后相继发病也应怀疑传染病。③以前是否患过病?患过何种病?可帮助考虑是一般疾病还是传染病。④日常饲养管理情况与许多疾病有密切关系,如气温有何变化?饲料有何变化?饮水是否充足?有无顶料现象?是否混入新群等。这些情况在狍病发生上占重要地位。⑤是否经过预防注射和治疗。如注射过某种疫苗,已获得免疫可不必考虑该病。如经过投药后出现呼吸困难,可怀疑异物性肺炎的可能性。⑥有些饲养员具有临床上的很多经验,他们的某些诊断意见对于正确诊断很有帮助。

2. 一般检查

(1)体况和营养状况 可根据全身各部位发育比例和体表丰满来判定,凡被毛粗乱无光泽;不按期换毛,皮肤无弹性、黏膜苍白,都属于营养不良。

(2)精神状态 狍的精神异常见于中枢神经系统或其他部分功能受到损害,说明疾病严重。如果精神过度兴奋,表现烦躁不安、步态不稳、异常攻击等是狂犬病初期、脑出血等;精神抑制、表现精神沉郁与反应迟钝,痛觉减弱等是脑积水、麻醉药中毒等。

(3)体位及姿势 体位姿势的变化对诊断疾病很有价值。患破伤风的狍肌肉强直,四肢伸屈困难;有创伤性心包炎的狍,常立于坡地采取前躯高位的姿势;当四肢蹄患时出现跛行,根据跛行情况可诊断患病部位,当卧地不起时则病势严重。

(4)皮肤及皮下组织　狍的被毛厚,皮肤色泽不易观察,但在被毛稀少的腋、股内侧可见到出血发绀等,说明血液循环障碍。皮下肿胀可触摸到肿物或肿块。结核病可见淋巴结肿大,这种肿大能移动无波动,容易与肿瘤、淋巴外渗区别开。

(5)可视黏膜状态　包括眼结膜、口腔和鼻黏膜、肛门和阴道黏膜。当炎症或血液循环障碍时,黏膜变成暗红色或紫红色。严重气体交换困难,黏膜变为蓝紫色。贫血时黏膜苍白。黄染时黏膜呈现橙黄色,是钩端螺旋体病的主要症状。

(6)体温、呼吸、脉搏

①体温　狍正常体温38℃~39℃,在运动、采食后有所升高,但体温急骤上升时伴有其他方面变化,可见于传染病或全身感染,当体温降至常温以下,说明预后不良。

②呼吸　狍正常呼吸18~25次/分,呼吸加快见于肺脏疾病、严重的心脏疾患、上呼吸道阻塞等,狍的呼吸不太好观察,在肺脓肿、肺化脓时呼吸不见特殊异常。

③脉搏　检查脉搏是断定循环系统状况的重要依据,狍脉搏一般50~70次/分。当然脉搏常受品种、年龄、运动、外界温度等影响。脉搏加快是热性病的特征之一。狍脉搏检查方法是摸尾动脉。手指按住尾根部内侧即可。

3. 各器官系统检查

(1)呼吸系统检查　狍的呼吸器官病多,呼吸系统检查十分重要,检查除注意到呼吸频率(呼吸数)、类型(呼吸式)、节律(规律性)、性质(深度)以外,还要注意呼出气体气味、呼吸困难程度以及咳嗽的强度、鼻腔流出分泌物性质等,如肺坏疽时呼出的气体有恶臭味。结核肺脓肿时有持久的咳嗽。

（2）消化系统检查

①食欲　狍对粗饲料不很挑剔，对精饲料更是一会儿吃光。如果厌食或吃少，吃的时间长，则是疾病的表现。如果光吃粗饲料不吃精饲料则是消化不良、瘤胃积食的表现。如发现异食则是缺盐、钙、磷及其他微量元素表现。但在公狍配种期或突然更换饲料，狍不食或少食则属正常。反刍出现在采食后 1～1.5 小时，一般卧地反刍，有时也站立反刍。在胃臌胀、前胃弛缓、胃肠炎时反刍减缓；反刍停止是严重的征兆。在疾病过程中重新出现反刍是良好征兆。

②饮欲　狍靠饲料含水和直接饮水来满足对水的需要，当饮欲增加时是热性病、大出汗、腹泻所致。饮欲减少见于瘤胃积食、瘤胃臌胀。当身体失水 20% 则很快死亡。所以，当狍饮食废绝时要注意补液。

③胃肠状态　狍的胃肠状态，瘤胃占重要比重，瘤胃占腹部左侧大部分，每分钟蠕动 3～5 次，瘤胃臌胀可见左腹部膨满。瘤胃积食对左腹部触摸时有充实、坚实感。

④狍的肠鸣音　在右腹部可以听到如流水声、鸠鸠声或沙沙声的肠鸣音。声音比较弱小，腹泻时肠鸣音增强，便秘时肠鸣音减弱消失。

⑤粪便形状、数量、气味　对判断胃肠功能有重要帮助，肠炎、胃肠卡他时肠蠕动加快，分泌增强，水分吸收差，出现稀便。便秘时可见狍拱腰，排便困难，粪球干固。

（3）泌尿系统检查　主要观察尿液的数量和性状。狍每日排尿 5～8 次，每次排尿 0.5～1 升。正常尿液无色透明或微黄色，呈碱性。热性病、腹泻时，尿液减少、色深。尿毒症、尿路阻塞时可见尿少或尿闭。

（4）心血管系统检查　狍心脏位于左胸下部，听心音在胸下 1/3，3～5 肋间区域。狍心跳每分钟 50～70 次，心跳加快见于热性病或运动之后。体温升高 1℃,心跳可增加 10 次。心音减弱是心脏衰竭症候,发生在慢性营养不良、贫血等症。静脉怒张即体表血管充盈,可见于小循环障碍,如肺气肿、肺充血、肺淤血等疾病。

（5）神经系统检查　狍的感觉敏锐,检查应在无干扰情况下进行。一般可分为运动神经障碍和感觉神经障碍。运动神经活动性增高,发生痉挛,常见于破伤风;运动神经活动减弱,即出现麻痹,多发于狂犬病后期。感觉神经功能增强时出现敏感,功能降低时出现感觉迟钝,狍在锯茸后或冬季出现转圈运动,是由于锯茸感染脑内化脓引起的。

（六）狍的给药方法

1. 消化道投药

（1）口服给药　这是简单安全的方法,一般多为散剂、煎剂溶液,有的可以直接拌在饲料里,让狍自己采食。只要无特殊异味,狍都能采食。但在大群投药时要尽量拌匀、撒匀,防止强弱采食不均,引起中毒或达不到疗效。在投药前最好能饥饿 1～2 顿,将药混入狍喜欢采食的饲料给药。易溶于水的药物如高锰酸钾等可以放在饮水中让狍饮用。人工投药必须在很好保定的情况下进行。用汽水瓶或橡胶投药瓶等灌入。

（2）直肠投药　直肠给药的优点是药物不经肝而直接吸收到血液中,不受肠道中消化酶影响,吸收好,副作用小。投药前先进行灌肠,排出宿粪,然后用胶管将药液灌入直肠。如为了麻醉灌水合氯醛;为了清洁直肠、软化内容物灌肥皂水等。

（3）瘤胃内投药　在瘤胃臌胀、瘤胃积食时,有套管针可直接进行瘤胃穿刺,并将药液注入到瘤胃内,这种方法能造成局部损伤,非紧急情况不用。如瘤胃臌胀时可在放气同时注入 3‰鱼石脂 100 毫升和 10%来苏儿 100 毫升。

2. 皮下与皮内注射　将药物注射到皮下组织内,经毛细血管、淋巴管吸收到血液中,凡易溶解无强刺激性药物和疫苗均可皮下与皮内注射。皮下注射的部位通常选在颈两侧,胸腹侧皮肤容易移动的地方。对于驯化较好的狍,注射少量药液时,可用金属注射器吸取药液,在狍一侧迅速捻起皮肤,瞬间注入药液,当狍反应疼痛时已注射完毕。当注射药液过多,狍没驯化则要在保定情况下进行或在保定器过道内用长杆注射器注射,但往往注射到肌肉内。

3. 肌内注射 肌内血管丰富,神经却少,因此有刺激性,不宜皮下、静脉注射的药物均可肌内注射。肌内注射药物比静脉吸收慢,可持续发挥作用。对于驯化良好的狍,让人接近,注射时同皮下注射方法一样,而且不用捻皮肤,更方便,否则需保定注射。使用国产麻醉枪,效果良好。但因气囊充气时费时费事,保留时间短,用得并不太多,也可用长杆注射器,即把金属注射器装在 2～3 米长的长杆上,注射时只要对准注射部位用力一捅即可。

4. 静脉注射 将药液直接注入到静脉管内,随血流分布全身。作用迅速,奏效快,但排泄也快。狍静脉注射需在保定下进行,局部剪毛、消毒,注射药物要慢。

5. 腹腔内注射 狍的腹腔内注射多用于仔狍,特别在仔狍腹泻,因肺炎脱水,静脉不怒张,加上狍皮肤坚硬进针困难,则应通过腹腔给药如葡萄糖注射液、林格氏液等。注射部位可选在右侧肷部中央或乳房前方,稍提起后肢,使肠管前移,进针不易损伤脏器。要求消毒彻底,药液与体温相同。

三、狍的常见病

(一)普通病

【坏疽性肺炎】 坏疽性肺炎又称肺坏疽或腐败性肺炎。腐败菌或异物侵害肺组织,均能引起坏疽性肺炎。

(1)**病因**　本病多见于公狍在配种期中争偶角斗或剧烈运动后仓促大量饮水发生误咽的情况下,也见于粗暴投药致药物误入气管之后。继发性坏疽性肺炎则见于各种肺炎、肺结核及坏死杆菌病等。

(2)**症状**　体温升高达 40℃ 以上,精神沉郁,两耳下垂,食欲减少或废绝,呼吸加快,鼻镜干燥,反刍停止。病初鼻汁为浆液性,后期转为脓性褐色,有恶臭味。

(3)**病理变化**　主要见胸腔积水,胸水呈淡红色,有恶臭味。肺组织呈肝样变,布满坏死灶和化脓灶,肺常与胸膜粘连。

(4)**治疗**　只有早期发现,并及时用大剂量抗菌药物治疗才能奏效。青霉素,每次 100 万~150 万单位,肌内注射,每天 2~3 次。拜有利,每千克体重 0.5 毫升,肌内注射,每天 1 次,连用 3~5 天。也可用抗生素和磺胺类药物进行治疗。

(5)**预防**　主要是加强饲养管理,在公狍配种期要防止公狍顶斗后大量饮水。人工给狍投药时应小心,勿使药液误入气管。对原发病应及时治疗,防止继发坏疽性肺炎。

【食管梗塞】　食管梗塞是由于饲料堵塞食管而引起吞咽困难的疾病。

(1)**病因**　本病多发生于狍饥饿争食,仓促吞食大块干硬饲料(如豆饼、糠饼等)或块根饲料(如萝卜、甜菜、甘薯等)之后。

(2)**症状**　采食过程中突然发病,表现为立即停食,骚动不安,有痛感、摇头、咳嗽、频频做呕吐动作,腹肌强烈收缩,伸颈张口,从口中流出带泡沫的黏液。当不完全梗塞时,症状较轻,病狍尚能饮水。如果完全梗塞,时间过长,可继发瘤胃臌胀,横膈膜前移,出现呼吸困难。如果不能除去病因,随着时间的推移,梗塞部的食管黏膜可发生充血、出血、水肿和坏死,严重者可因窒息和食管穿孔而死亡。

（3）治疗　如梗塞物在咽后食管,在保定后开张狍的口腔即可发现,可用长嘴钳子或镊子慢慢取出。如梗塞物阻在颈部食管,从口腔灌入 50～70 毫升植物油加 1 个鸡蛋清并灌入 3%～5%普鲁卡因溶液 5～10 毫升,然后沿左侧颈沟皮肤将梗塞物缓慢向口腔方向推动,再从口内将其取出,如推动困难,可用硬胶管通入食管内向下缓慢推送,同时用手在颈外轻轻协助,将梗塞物推入胃内。对不完全性梗塞,可用眠乃宁静脉注射使食管壁弛缓,可自行下移至胃。当梗塞物确定为块根类时,可采用热敷或按摩法将其表面软化,使之易于后移。也可用 3%毛果芸香碱注射液皮下注射,1～2 小时一般可排出梗塞物。

上述治疗措施均无效时,即进行食管切开手术。

（4）预防　饲料特别是块根类要加工成小的碎块。正常饲喂不可随意断食,清除饲料中的异物,对个别贪食及抢食的狍要人为地加以控制。谷物性饲料(如豆饼等)应切碎浸泡软后饲喂狍。饲喂要定时定量,防止饥饿抢食。

【瘤胃积食】　瘤胃积食是瘤胃充满异常多量的饲料后,瘤胃的容积急剧增大,胃壁扩展而紧张,失去生理性蠕动功能,处于麻痹状态,引起食物停滞。

（1）病因　饲料过干或粗纤维过多,豆饼或豆类饲料,狍大量的采食这些饲料后,如为豆类饲料,又大量饮水,如为干饲料又饮水不足都可造成瘤胃积食。此外,饲料突变、前胃弛缓、瓣胃阻塞等都可继发瘤胃积食;长时间饲料不足、饥饿以及一时给予大量精料,也可发生本病。

（2）症状　在大量采食后不久发病。可见腹部显著膨大,左侧肷窝充满甚至突出,表情苦闷,屡做伸腰姿势,凝立或频频回顾腹部,精神沉郁,反刍、嗳气减少或停止。病狍呼吸频数加快而浅表,可视黏膜发绀,眼球突出,食欲废绝,有时发生呕吐。

（3）诊断　根据临床症状较易确诊。但应与瘤胃臌胀相鉴别。

瘤胃臌胀触诊时胃壁紧张而富弹性并不留压痕;瘤胃积食胃部坚实而缺乏弹性,压痕明显且触之后不易恢复。此外,瘤胃臌胀穿刺时能放出大量的气体,而瘤胃积食仅能放出很少气体并常排出泡沫性液体。

(4)治疗　病初采用饥饿疗法并给足饮水。病狍恢复后应在几日内给少量的青绿多汁饲料,待瘤胃功能恢复正常时再按正常饲养对待。与此同时可内服硫酸钠、液状石蜡或鱼石脂酒精等促进瘤胃蠕动。静脉注射10%氯化钠注射液效果也较好。心力衰竭时注射强心剂。

如治疗无效时,只能实行瘤胃切开手术。

【急性瘤胃臌胀】　采食大量易发酵的饲料,在瘤胃内细菌的作用下异常发酵,瘤胃内迅速产生大量气体,引起急剧臌胀。

(1)病因　经过一个较长时间的干草期或长期饲料不足之后,突然喂以大量青草、豆科植物、薯藤、豆饼或多汁块根饲料如甜菜、甘薯以及浸泡过久的黄豆、豆饼或豆腐渣等易患此病。堆积发热或霉败变质的饲料也是该病发生的一个因素。此外,瘤胃积食和食管梗塞可继发瘤胃臌气。

(2)症状　本病于采食后几小时后发生,病势急,发展快,最明显的症状为腹围急速增大,采食、反刍及嗳气完全停止。病狍烦躁不安,拱背,举尾,腹围膨大,尤以左腹部明显,左侧肷窝突出,眼球突出,可视黏膜发绀,触诊时腹壁紧张且有弹性,指压无痕迹。病狍呼吸高度困难,心跳加快。常在发作后短时间内或几小时死亡。死于窒息、脑溢血或二氧化碳中毒。

(3)诊断　根据狍采食后不久即很快发病,结合瘤胃的迅速臌胀和饲料的改变等可确诊。

(4)治疗　为了排出胃内气体及制止继续发酵,促进嗳气,鱼石脂加温水灌服制止发酵。用套管针进行穿刺,缓慢间歇性排气。急症和重症者可用套管针穿刺瘤胃放气,放气时切忌1次放完,应该间断放气,放气完毕,注入制酵剂。静脉注射 5％ 葡萄糖氯化钠注射液 300～500 毫升,每日 1 次,连用 1～3 天。

在症状缓解后,给适量的轻泻剂以促进瘤胃积食排出。给病狍少量青饲料及淡盐水。

(5)预防　加强饲养管理,提高机体抵抗力。不要饲喂过多易发酵饲料,不能饲喂发酸霉烂饲料。投放豆科植物饲料时,应防止狍群贪食。

【胃肠炎】　胃肠炎是圈养狍常发生的一种胃肠表层黏膜及其深层组织炎症的消化系统疾病,以夏、秋季多发,以腹泻为其特征。

(1)病因　饲喂霉变的谷物性饲料或块根类饲料;饲喂品质不良的青贮料;饲喂不洁的饲料和饮水及冻结的饲料。以上是由饲料引起的,属原发性。继发性见于瘤胃臌气和积食及某些传染病的过程中。

(2)症状　狍的胃肠炎病程短,经过急速。其病程短则2～3天,最长不超过 5～7 天,如治疗不及时易发生死亡。临床症状为突然减食,精神沉郁,常离群呆立,垂耳,被毛逆立粗乱,鼻镜干燥,体温在 40℃ 以上,反刍停止,腹部蜷缩。病初多便秘,粪球干硬并混有灰白色黏液,有时粪便全被黏液包住,成团排出。随着病情发展,粪团除混有黏液外,并见血液、伪膜以及坏死组织,气味恶臭。病后期转为腹泻,排出稠状恶臭污秽的粪便。此时,患狍完全拒食,饮欲增加,常回顾腹部。如病程稍长,可出现里急后重,消瘦,无力等症,最后体温下降,衰弱而死亡。

(3)病理变化　前 3 胃无明显变化,真胃及肠的大部分黏膜充血或有点状、斑状出血。肠管内有多量灰白色与灰黄色纤维性伪膜,肠内容物恶臭,有的严重病例可见肠壁有坏死病灶或溃疡形成。

(4)诊断　根据饲料质量调查和发病较急、结合腹泻和剖检病变可确诊。继发性的胃肠炎应查明原发病。

（5）治疗　以氯霉素、庆大霉素、卡那霉素、黄连素、拜有利、炎克星等任选一种注射以消除炎症。也可用磺胺类药物口服。对不同的病例应区别对待,如排恶臭较稠粪便的狍,可适当以人工盐轻泻,然后再止泻。严重腹泻时直接止泻。同时要结合强心、补液、解毒,纠正酸碱平衡等综合疗法。

（6）预防　严格把握饲料关,质量不佳的饲料不能喂饲狍。饮水要经消毒处理饮用。对经常出现消化不良的狍要彻底根治,防止发展为胃肠炎。对继发性胃肠炎在治疗原发病的基础上,应对症治疗。

【直肠穿孔】　直肠穿孔主要见于配种期的公狍。公狍由于性兴奋,互相爬跨,致使阴茎机械地损伤或贯穿直肠肠壁而发病。

（1）病因　配种期性兴奋,公狍间经常互相爬跨鸡奸。在狍多圈小的情况下,受欺公狍无躲避回旋余地,配种方式不当或无人看管都可促使本病发生。

（2）症状　直肠黏膜轻度受损的病例,病狍精神沉郁,食欲下降,时见拱腰,肛门紧缩或有努责动作,偶尔可见自肛门流出新鲜血滴,排便困难。直肠黏膜重度损伤的狍,直肠出血和水肿,肛门流出多量新鲜血,直肠脱出或小肠脱出,脱出的肠管发生感染和坏死。

直肠穿孔的病例,很快继发腹膜炎,病狍体温明显上升,腹痛明显,呼吸加快,最后死亡。

（3）诊断　根据病因和狍频频努责,肛门出血,直肠脱出等症状,很容易诊断。

（4）治疗　及早发现,隔离观察,对直肠肠壁轻度受损的病狍,能排粪的喂以消炎抗菌药,多能治愈。对重度损伤、严重出血并伴有直肠脱出,不能排出粪便的病狍,麻醉后进行直肠检查,找出创口,定位后进行直肠复位和手术缝合。手术后单圈饲养,重点护理。

（5）预防　主要是采用加强看管、不混群窜圈、按年龄分群的办法。此外，还要视公狍体况或年龄，适当调节精饲料给量。

【难　产】　难产是由于母体本身或胎儿异常所引起。难产处理不当，常造成母仔双亡，也会引起母狍不孕。

狍的难产可由饲养管理不善而引起。如饲喂过多的优质饲料使母狍过肥及胎儿过大而造成难产。但饲料过于低劣，营养不全常导致母狍消瘦，娩力不足而发生难产。狍难产还常见于骨盆狭窄和胎儿畸形。此外，由于狍野生性较强，在分娩过程中如遭到惊扰，会使正常胎儿姿势发生异常，致使娩出停止甚至胎儿退回子宫，形成难产（关于狍的难产诊断和助产在本书的第三章已经进行详尽阐述）。

预防母狍难产，要加强饲养管理，使母狍保持适中体况，并保证运动充足。母狍分娩时应给其创造一个安静的分娩环境。当出现难产时，应及时助产。

【狍食毛症】　狍食毛症多见于冬季饲养的狍群，母狍和仔狍多发。

（1）病因　主要是因为饲料中长期缺乏必要的微量元素和维生素，引起狍新陈代谢功能紊乱、消化功能障碍而发病。

（2）症状　发病初表现舔墙、异食、舔食粪尿等。随着病情发展，发生啃咬其他狍的被毛，使有的狍背部被毛几乎被咬光，皮肤呈黑色。有的患狍将咬掉的毛吃下，蓄积在胃中，并逐渐形成大小不同的毛团，阻塞消化道，引起消化不良，表现为食欲减退或废绝，反刍缓慢或停止，嗳气酸臭。本病多呈慢性经过，患狍消瘦，倦怠，被毛粗糙无光泽，可视黏膜苍白，最后衰竭死亡。

（3）防治　首先，应针对病因改善饲养管理，应合理调剂饲料，做到饲料多样化，并注意在饲料中添加微量元素和维生素。其次，在日常管理中，还要加强运动，以增强狍的体质。

【亚硝酸盐中毒】　亚硝酸盐中毒是由于狍食入含有亚硝酸盐

的饲料而引起的高铁血红蛋白症(变性血红蛋白症)。

(1)病因　在各种鲜嫩青草及叶菜类饲料中都含有硝酸盐,这类饲料堆放过久,产热发酵,或煮熟后长时间搁在锅里冷却过缓,在硝化细菌的作用下,饲料中的硝酸盐转化为亚硝酸盐。若用这种饲料喂狐,会引起中毒。

(2)症状　采食后1～3小时开始发病,患狐呈现不安,呼吸困难,可视黏膜发绀,体温正常或偏低,口吐白沫,呕吐,全身无力,卧地不起,四肢呈游泳状划动,最后因窒息而死。

(3)病理变化　皮肤青紫色,血液酱油色且凝固不良,胃底部黏膜充血,出血或黏膜脱落,小肠有时有出血,心外膜有点状出血。

(4)诊断　根据临床症状特点,结合饲料状况,可做出初步诊断。确诊需进行实验室诊断。取血液5毫升于试管内,在空气中振荡15分钟,在有高铁血红蛋白的情况下,血液不变色,仍保持暗褐色;而正常的血液则由于血红蛋白与氧结合而变为鲜红色。还可采用其他实验室诊断方法进行诊断。

(5)治疗　静脉注射2%亚甲蓝(美蓝)注射液,每千克体重0.5～1毫升。亚甲蓝溶液配制方法是:取亚甲蓝2克,溶于10毫升酒精中,加入生理盐水90毫升。同时,配合应用维生素C和高渗葡萄糖注射液进行治疗,效果较好。

(二)传 染 病

【炭疽病】　炭疽病是由炭疽杆菌引起的人、兽共患的一种急性、热性、败血性传染病。国内外曾多次发生过炭疽病。本病的主要传染源是病狐或其他发病家畜,可经消化道、破损的皮肤黏膜以及公狐锯茸后的伤口感染,也可以通过狐体表外伤感染,夏季多发。

(1)症状　炭疽病的症状可分为最急性型、急性型和亚急性型。

①最急性型　发生于流行初期,病程急,无明显症状,常在运动、采食中突然倒地挣扎,痛苦呻吟,全身痉挛,口流黄水或口鼻流出泡沫样液体而死亡。

②急性型　体温升高至 40℃～41℃,鼻镜干燥,两耳下垂,精神沉郁,食欲废绝,反刍停止,鸣叫或呻吟,呼吸频速,肌肉震颤,有的可见瘤胃臌胀,有的在耳根、颜面、下颌部发生水肿。一般 6～12 小时卧地不起,四肢不断摆动,呼吸极度困难,可视黏膜发绀,排血尿或血便,心悸亢进,扭头靠背,口流黄水或泡沫,痉挛而死。

③亚急性型　病程一般 3～7 天,个别病例长达 10 余天死亡。病狍最初表现精神沉郁,静立不动,离群,食欲下降,后期无食欲。体温 39.5℃～40.5℃,排血尿、稀血便或脓血便,有的排出管状肠黏膜。

（2）病理变化　病狍尸僵完全,天然孔一般无出血,只是在口腔、鼻腔蓄积或流出泡沫性液体,或有血便从肛门流出,血液呈煤焦油样。皮下、浆膜下、肌肉间结缔组织有黄色玻璃样浸润。肝、肾充血和出血,肿胀,质脆。心、肺及胃肠道黏膜点状或斑状出血,脾脏不肿大。

（3）诊断　根据临床症状和病理变化特点,可做出初步诊断。本病确诊必须通过实验室检查。

常用的实验室诊断方法为涂片镜检,其具体方法是:生前采取静脉血或血便,死后可自耳尖或四肢末梢采取血液或用穿刺法取脾组织一小块涂片,用革兰氏、美蓝、姬姆萨氏或瑞氏染色、镜检。若见阳性带荚膜的大杆菌即为炭疽杆菌。还可采用炭疽沉淀反应、荧光抗体反应和分离培养等方法进行诊断。

（4）防治　在经常发生炭疽地区及受威胁地区,其狍群可按常规方法用无毒炭疽芽胞苗和第二号炭疽芽胞苗进行预防接种。发现疫情,对病狍群要实行隔离,封锁疫区,并迅速向有关部门报告疫情。对病死狍尸体应进行焚烧或深埋,死亡狍或病狍的狍舍、污染物及地面等要彻底消毒。对病貂可用青霉素或磺胺类药物治疗，对可疑貂及附近牧场的其他家畜应进行无毒炭疽芽胞菌苗的紧急接种。

（5）公共卫生　炭疽病为人、畜共患传染病，因此在处理炭疽动物或处理加工毛、皮等畜产品时，必须注意做好个人的防护和消毒工作。

【坏死杆菌病】　坏死杆菌病是由坏死杆菌引起的畜、禽的一种慢性传染病。本病传染源为病貂，患病貂向外排菌污染环境，健貂通过损伤的皮肤、黏膜而感染，主要侵害蹄部。其次是口腔黏膜及皮肤，呈坏死性病变，有时在肝、肺形成转移性病灶。

病原为坏死杆菌。呈多形性的革兰氏阴性杆菌，小者呈球状，大者呈长丝状。专性厌氧，广泛分布于自然界，在动物场、沼泽及土壤中均可发现。此外，还常存在健康动物的口腔、肠道及外生殖道等处。

（1）症状　坏死部位多见于四肢下部，病初患部发生炎性肿胀，而后出现化脓、溃烂和坏死，并向深部蔓延，从蹄冠肿胀处许多小孔流出污浊恶臭脓汁。有时病变波及韧带、关节、骨骼及蹄匣，严重者发生蹄匣脱落并伴发跛行，有时可见口腔黏膜的溃疡和坏死。当病变转移至内脏如肝、肺及心脏等部位时，此时可见病貂精神沉郁，活动减少，食欲减退，体温升高，喜卧，呼吸困难，最后衰竭死亡。仔貂因脐带创口感染时，初期外观无明显症状。病程稍长，排尿时拱腰，精神倦怠。脐部有索状硬结或呈拳头大肿胀，从脐带处流出恶臭脓汁。

（2）病理变化　四肢的坏死部位及周围的组织出现肿胀，切开有恶臭的脓汁流出。病变轻者皮肤溃开，皮下组织胶样浸润。体内器官有坏死病灶，多数病例于肝脏内形成坏死灶。在瘤胃、网胃和瓣胃黏膜上、胸腹腔内、肺内常见大小不等的坏死灶，有的发生化脓性胸膜炎，化脓性纤维素性肺炎，胸腔内积有大量的绿褐色恶臭液体,一侧肺叶乃至 2/3 肺叶烂掉。

(3)诊断　根据患病部位的坏死性病变和异常的臭味,以及由局部病变引起的跛行等功能障碍可初步诊断为坏死杆菌病。死后剖检发现坏死病灶及胸腔的恶臭液体则更有诊断意义。

采集坏死组织涂片镜检和分离培养能准确定性。

(4)治疗

①局部疗法　彻底清除患部坏死组织,排净脓汁,暴露创面,造成有氧环境,抑制坏死杆菌繁殖。以 1‰高锰酸钾液或 4‰冰醋酸冲洗患部,然后撒以高锰酸钾粉。炎性肿胀较重者,患部周围可用鱼石脂酒精热绷带包扎。以链霉素 20 万～50 万单位,0.25%奴佛卡因注射液 10～20 毫升,在球节上方 3～5 厘米处封闭。当坏死面积较大,侵害深部组织或形成瘘管时,在清创处理后可灌注10%浓碘酊,对局部处理应每天进行 1 次,直至治愈。

②全身疗法　为防止病变发生转移或已经在内脏形成了不甚严重的病变,可使用敏感抗生素控制。口腔黏膜发生坏死性口炎时,应饲以软草和富含蛋白质及维生素的饲料,用 3%的双氧水冲洗患部,然后涂以碘甘油。

(5)预防　狍舍要保持清洁干燥,定期消毒。圈舍地面要平整,并对凸凹不平之处及时修整。仔狍分群时要放入温驯的母狍,避免发生惊慌而导致奔跑乱窜造成外伤,拨狍要慢而稳,防止拥挤和互相践踏。对凶猛善斗的公狍要加强看管以减少外伤。对参加配种的公狍要调整饲料,使之多样化,适口性好,以增加体况,提高抗感染能力。

产仔母狍舍要铺柔软的垫草,以防仔狍脐带感染,仔狍断脐带要用碘酊消毒。及时清除圈舍内砖头、石块等杂物,及时隔离病狍。

【结核病】　结核病是由结核分枝杆菌引起的人、兽共患的一种慢性传染病。有文献报道,从病鹿体(狍属于鹿科动物)内曾分离出牛型、人型、禽型的结核杆菌。本病的特征是在机体组织器官中形成结核结节。病狍是本病的主要传染源,可经呼吸道、消化道及生殖道传染,在狍群密集饲养、环境潮湿、营养不良及各种动物混饲的情况下,有利于本病的传播。

病原体为结核分枝杆菌。可感染人型、牛型和禽型 3 型结核菌。结核菌革兰氏染色阳性,抗酸染色阳性,显微镜下成丛或成对排列,无鞭毛,无荚膜,不形成芽胞。该菌分布在土壤、水和空气中,对环境的抵抗力极强。对热抵抗力弱。60℃加热 30 分钟即死亡。70%的酒精,10%的漂白粉可迅速杀死本菌。对利福平及链霉素敏感。

(1)症状　结核主要侵害淋巴系统,常见颌下、颈部、胸前及腹股沟淋巴结肿大,触摸坚硬,严重的化脓破溃并流出黄白色干酪样脓汁。

肺型结核病狍表现逐渐消瘦,食欲下降,被毛粗乱,换毛迟缓,拱背,咳嗽。肠型结核常出现腹泻和便秘交替发生。

各种类型结核的共性都表现出公狍脱盘推迟,生茸慢或不生茸,母狍空怀和流产或产弱仔。此外,仔狍有出现急性粟粒性结核死亡的病例。

(2)病理变化　体表、肠系膜和肺纵隔淋巴结肿胀、化脓。切开后有大量干酪样黄白色脓汁,脓汁无臭味。肺部病变常见,其上分布有大小不一的结节,刀切有坚硬感或有化脓灶,切开后有干酪样脓汁。

肠结核多见于空肠后 1/3 处及回肠内,其特点是结核结节有明显的溃疡面。有的病例在胸腔和腹腔浆膜上出现结核结节。

(3)诊断　根据临床症状及病理变化特点,可做出初步诊断。用细菌学检查和结核菌素试验便可确诊。

①涂片镜检　采取呼吸道分泌物、乳汁或病变组织,经处理后取沉淀物涂片,做抗酸染色镜检,可见到染成红色的短杆菌。

②结核菌素试验 本试验是诊断本病最为实用的方法。狍用牛型结核菌素进行诊断。有点眼法和皮内法,狍多采用点眼法,每次进行两回,间隔 3～5 天,点眼后隔 3、6、9 小时观察反应的程度。出现大米粒大的黄白色分泌物(大小约 1 毫米×10 毫米)者判定为阳性,但也有一定的假阳性,对此应做综合分析后确定。

(4)治疗 本病一般不加治疗,应及时淘汰。对于优良品种,可选用异烟肼、利福平和乙胺丁醇配合联用,一般须持续治疗 3～6 个月。

(5)预防 本病以预防为主,对狍群要进行定期检疫,当检出阳性狍时,应及时淘汰,阴性者用卡介苗接种。要加强饲养管理,提高机体抵抗力。严格卫生制度,对狍场、用具、运动场等应定期消毒。

(6)公共卫生 为防止人、兽互相传染,工作人员应及时接种或复种卡介苗,要注意做好个人卫生,并定期体检。患结核病者,不能担任饲养员。

【布氏杆菌病】 布氏杆菌病是由布氏杆菌引起的一种人、兽共患传染病。其感染后主要症状为流产、睾丸炎及关节炎。狍对牛、羊、猪 3 种类型的布氏杆菌均易感染。狍和其他带菌动物是本病的主要传染源,主要经消化道感染,其次是经皮肤和黏膜感染。

病原为布氏杆菌。该菌有 6 个种,狍对牛、羊及猪种布氏杆菌均可感染。该菌为革兰氏阴性小球杆菌,用柯氏染色法,布氏杆菌则染成红色。该菌在胰蛋白胨琼脂培养基上和加有血液、血清及马铃薯浸液的培养基上生长良好。牛种布氏杆菌初次培养时在 5％～10％二氧化碳条件下生长。该菌在污染的土壤和水中可存活达 4 个月。在乳制品、肉中能存活 2 个月。该菌能穿透正常的皮肤和黏膜。

(1)症状 布氏杆菌病呈慢性经过,初期症状不明显,日久可表现精神沉郁,食欲减退,渐进性消瘦,生长缓慢或停滞,淋巴结肿大。妊娠母狍发生流产,流产胎儿大多数为死胎,阴道流出恶臭味脓性分泌物。公狍出现阴囊下垂,一侧或两侧睾丸及附睾肿大,有触痛,站立时后肢张开。部分病狍膝关节肿大,少数飞节肿大,有的肿大关节破溃。在仔狍可出现后肢麻痹,行走困难。有的成年狍枕后有半球形的肿胀,切开后排出多量脓汁。

(2)病理变化 主要病变在生殖器官和流产胎儿。胎衣绒毛膜下组织胶样浸润、出血和充血,并附有脓性物。胎衣肥厚,其上有出血点,胃、肠及膀胱黏膜和浆膜上常有出血点,淋巴结及脾大,有时可见坏死灶。子宫绒毛膜充血肿胀,其上附有黄绿色渗出物,黏膜增厚。有的病狍发生浆液性或化脓性子宫内膜炎。乳腺发生变性和坏死。公狍精囊有出血和坏死灶。睾丸和附睾常见坏死灶。慢性病例睾丸及附睾结缔组织增生、肥厚、肿胀及粘连。

(3)诊断 仅靠临床症状和病理变化特点不能做出诊断,必须结合实验室检查才能最后确诊。

涂片镜检。取病料(流产胎儿胃肠内容物或肝、脾、淋巴结,流产母狍阴道分泌物、血液、乳汁),直接涂片,用改良柯氏染色法染色镜检,布氏杆菌被染成橙红色,背景为蓝色。还可采用血清凝集反应、补体结合反应等方法进行诊断。

(4)防治 要定期检疫,阳性者要淘汰,阴性者可接种羊布病五号弱毒苗。狍舍要定期消毒,尤其对产房及母狍分泌物要注意随时消毒处理。本病一般不进行治疗,有条件的可在严格隔离情况下用金霉素、土霉素、四环素等进行治疗。

(5)公共卫生 为防止布氏杆菌病的相互传染,在疫区要建立必要的卫生制度,狍舍要远离医院、居民区、垃圾场、交通要道、水源及其他畜牧场,狍群要专人管理,狍舍要经常清理消毒。工作人员应注意个人防护,并定期体检,发现患病者应及早治疗。

【钩端螺旋体病】 钩端螺旋体病是由钩端螺旋体引起的一种人、兽共患传染病。其主要特征是短期发热、黄疸及血尿。本病的主要传染源为患病及带菌动物（尤其是鼠类），其带菌尿液污染饲料和饮水后，健狍通过消化道而感染；或带菌尿液直接接触损伤的皮肤或黏膜而感染。另外，带菌尿液污染阴道，经交配也能传染。本病在夏、秋季节多发，仔狍容易感染，其发病率和死亡率较高。

病原为钩端螺旋体，是螺旋体科的Ⅰ属螺旋体，呈螺旋状或波浪状，革兰氏染色阴性，但着色困难。常用镀银法染色并以相差或暗视野显微镜观察。该菌无鞭毛但能运动，可旋转、屈曲或移行运动。繁殖速度慢，但死亡却很快。该菌耐寒冷，在潮湿的环境和泥土中可存活 6 个月。对热敏感，60℃ 10 分钟即可杀死。70％酒精、0.5％石炭酸液短时间可使其失活。对青霉素和链霉素敏感。

（1）症状　潜伏期一般 3～10 天。病初可见精神沉郁，体温升高，鼻镜干燥，当体温达 41℃ 以上时，则出现血尿，症状加剧，两耳下垂，反刍停止，四肢无力，尿频，可视黏膜黄染。病后期则转为少尿乃至无尿，食欲废绝，消瘦，呼吸困难，视力减退乃至丧失。最急性型病程 1～3 天，一般 7～10 天。病死率达 90％以上。

（2）病理变化　全身皮下组织、内脏器官及浆膜黄染。肝大，质脆，呈土黄色，表面有出血点。肺弥漫性出血。心脏弛缓，心冠脂肪黄染，心肌似煮熟肉状，心内膜有出血点。肾肿大，皮质和髓质均见出血点，肾上腺有出血点。肠黏膜有出血点。膀胱内积有血尿，膀胱黏膜出血。

（3）诊断　根据临床症状及病理变化特点可做出初步诊断。确诊必须结合实验室检查。

涂片镜检。采取新鲜血液、尿液或新鲜肝、肾组织悬液涂片做暗视野镜检，或利用低速离心集菌后取沉淀物涂片做暗视野镜检，所见到的钩端螺旋体形态如一长链，两端有钩，做回旋、扭曲或波浪式运动。也可将检查材料经低速离心后取沉淀物涂片，以姬姆萨氏或镀银染色法染色后于油镜下观察，可见到钩端螺旋体呈棕黑色，背景为淡棕黄色。

(4)治疗　一旦确定为该病时,用青霉素治疗,按 1 万单位/千克体重加链霉素 20～30 毫克/千克体重,1 日 2 次,连用 3～6 天。

(5)预防　在预防上,可使用钩端螺旋体灭活苗接种,免疫期达 12 个月,但使用的疫苗应和当地流行的菌型一致。当确已证实狐患该病,应立即隔离病狐,对污染的地面、料槽、水槽等使用 3%～4%苛性钠液,3%来苏儿液彻底消毒。由于鼠类是钩端螺旋体的带菌者,因此平时应做好灭鼠工作。

(6)公共卫生　为防止本病由动物传染给人,必须做好灭鼠工作,对病狐及带菌动物应严格管理,狐舍及运动场要定期消毒,清理的粪便要加石灰堆积发酵处理,注意保护水源不受污染,及时排除积蓄的污水。

【巴氏杆菌病】　巴氏杆菌病是由多杀性巴氏杆菌引起的畜、禽传染病。狐巴氏杆菌病以急性败血症或肺炎为特征,通常又称为出血性败血病。本病呈散发,偶有流行。在潮湿的 5～8 月份发病较多。本病的主要传染源是患病和带菌动物,传播途径为消化道或呼吸道。另外,本菌也存在于健康动物呼吸道黏膜上,当机体抵抗力弱时可引起发病。

病原为多杀巴氏杆菌,为小的球杆菌,革兰氏染色阴性。组织压片以美蓝染色可见明显的荚膜和两极着色特性。人工培养后荚膜消失。本菌在加有血液或血清的培养基上生长良好。对外界环境抵抗力较低。对热、光及低浓度的常用消毒剂均敏感。

(1)症状　临床经过一般以急性为主,亚急性和慢性经过的较少。潜伏期 1～5 天。

①急性败血型　突然发作,体温升高至 40℃～41.5℃,鼻镜干燥,呼吸困难,皮肤和黏膜充血,肛门和阴门附近无毛部呈青紫色,反刍停止。口鼻常流出血样泡沫液体,后期便血,病程 12～48 小时。

②肺炎型　精神沉郁,体温升高,呼吸困难,咳嗽。严重时头

颈伸直,鼻翼开张,口吐白沫,时见便血,病程 3～6 天。

(2)病理变化　皮下组织、咽部及胸部皮下组织水肿。心外膜常见有出血点。血液凝固不良。肺水肿,充血、出血。胸膜与肺常粘连。肝大,表面有出血点或灰白色坏死灶。真胃黏膜肿胀、充血,有点状出血。肠黏膜有点状或弥漫性出血。

(3)诊断　根据流行季节、临床症状和病理变化特点,可做出初步诊断。确诊则需采取病料(心血、脾、淋巴结等)涂片染色镜检,病原菌为革兰氏染色阳性,两极浓染的球杆菌。还可用分离培养或动物接种等方法进行诊断。

(4)治疗　本病发生很急,应尽早发现及时治疗。可选用青霉素,成年狍每次 100 万单位,肌内注射,2～3 次/天,连用 5 天。也可选用长效磺胺静脉注射,0.13 克/千克体重。若用拜有利,成年狍用 5 毫升,幼年狍用 0.5～1.0 毫升,肌内注射,1 次/天,连用 3天。还可用喹乙醇,50 毫克/千克体重,2 次/天,连服 2 天。同时,可根据病情采取强心、补液等对症疗法。

(5)预防　搞好狍舍清洁卫生,尤其是炎热潮湿的季节,应注意定期消毒。要加强饲养管理,提高机体抗病能力。疫区狍每年应进行菌苗预防注射。

【破伤风】　破伤风是由破伤风梭菌引起的一种人、兽共患的急性传染病。病狍主要表现为对外界刺激兴奋性增强,肌肉强直、痉挛。动物和人都易感染破伤风。本病由外伤感染,狍多由编剪耳号、锯茸或公狍角斗时发生外伤而引起。

病原为破伤风梭菌,革兰氏染色阳性,芽胞圆形,位于菌体的一端,膨大似网球拍状。该菌培养需严格厌氧,破伤风梭菌广泛存在于土壤和尘埃中,健康动物和人的粪便及淤泥中也有该菌存在。该菌煮沸 5 分钟即可杀死。常用化学消毒剂能在短时间内将其杀死,芽胞的抵抗力较强,在土壤表层能存活数年,于阴暗干燥处能存活 10 年以上。煮沸需 10～90 分钟才能杀死芽胞,芽胞对 10%

碘酊、3%过氧化氢溶液敏感。

(1)症状　本病潜伏期1～2周,最早出现的症状是头部和颈部肌肉强直,并伴有采食、咀嚼、吞咽、反刍及运动障碍。随病势的加剧,可见两目呆滞,瞳孔散大,第三眼睑麻痹,四肢强直,运动强拗,牙关紧闭,无能力采食和饮水,四肢开张,作强硬站立姿势,如驱赶运动则易跌倒不能站立。全身或局部不时作阵发性收缩。当受外界刺激如音响、触碰时,病狍表现极度惊恐,痉挛明显加剧。如治疗延误则多转归死亡。死于心脏麻痹、窒息和重度衰竭。

(2)病理变化　破伤风无特征病变,因窒息死亡的狍可见肺充血和水肿,有时可见心肌变性,在黏膜、浆膜及脊髓膜可见有点状出血,四肢和躯干肌肉结缔组织出现浆液性浸润。

(3)诊断　根据本病较独特的症状如意识清醒,对外界刺激反应高度敏感,肌肉强直,体温正常,结合创伤史等可做出诊断。

(4)治疗　首先用破伤风抗毒素治疗,然后可对症治疗,选用25%硫酸镁注射液20～50毫升、5%葡萄糖注射液200毫升或20%乌洛托品注射液20毫升做静脉注射。也可用拜有利,成年狍每次2毫升,肌内注射,1次/天,连用3天。

(5)预防　要防止狍发生外伤,在编剪耳号、锯茸后必须严格消毒。在本病的高发区需定期用破伤风类毒素对狍进行预防接种。应注意病狍的护理工作,可单独饲养,保持安静,舍内铺上厚软垫草等。同时,应及时进行药物治疗。

【狂犬病】　狂犬病是由狂犬病毒引起的一种人、兽共患的急性接触性传染病。其主要表现为极度兴奋、狂躁或沉郁,最后局部或全身麻痹死亡。患病发疯动物或带毒动物为传染源,被其咬伤后而感染。

病原为弹状病毒科,狂犬病毒属的狂犬病毒。狍的狂犬病毒为狂犬病毒适应于狍体的变异株。其特点是对狍有极高的敏感性,而对犬及家畜致病性低。

（1）症状　临床表现大致有 3 型：兴奋型、沉郁型和麻痹型。

①兴奋型　突然发病，表现尖叫不安，横冲直撞。有的头部撞伤而破损出血，自咬或啃咬其他狍，对人有攻击行为。有的狍鼻镜干燥，流涎，结膜极度潮红。病后期，患狍可出现角弓反张，后躯麻痹，倒地不起。病程为 3～5 天。

②沉郁型　精神委靡，两耳下垂，呆立不动，离群，有的行走如醉，或呈排尿姿势，有的卧地不起，还有的流涎或腹泻等。病程为 5～7 天。

③麻痹型　病狍后躯无力，站立不稳，行走摇晃，坐姿势，病后期倒地不起，强行驱赶时拖着后肢爬动。

（2）病理变化　无特殊内脏病变，病理组织学变化主要是脑组织充血和出血，延髓与海马角血管周围有炎性细胞浸润，出现血管套现象，神经胶质细胞增生，神经细胞的胞质内有嗜酸性包涵体。

（3）诊断　根据特征的神经症状结合病理剖检变化可初步诊断，确诊需采集病料进行包涵体检查，病毒分离和血清学检验。

（4）防治　本病尚无有效疗法，只有加强预防工作。预防上应注意狍场内牧犬的管理，牧犬应接种狂犬病疫苗。疫区的狍应做全面的狂犬病疫苗预防接种，当人被疯狗或其他疯动物咬伤后，应迅速用 20％软肥皂水冲洗伤口，再用 3％碘酊处理伤口，并紧急接种狂犬病疫苗。

【肠毒血症】　肠毒血症是由魏氏梭状芽胞杆菌引起的一种急性传染病。本病的特征是腹部膨大，胃肠严重出血。本病在我国很多地区时有发生，死亡率达 90％以上。本病多呈散发，主要通过污染的饲料和饮水经消化道感染。

病原为梭状芽胞杆菌属中的魏氏梭菌，又称产气荚膜杆菌。为革兰氏阳性厌氧杆菌，没有运动性，常见有 A、B、D、E、F 5 种血清型。在动物的组织中形成荚膜是本菌特征。芽胞位于菌体中央或近端，呈卵圆形，其直径不超过菌体，在动物体内或培养物中不易见到芽胞。该菌广泛分布于自然界,粪便、土壤和污水中都有其存在。A、B、C、D 4 型菌都能引起狍的肠毒血症。

(1)症状　患狍食欲减少或废绝,反刍停止,精神沉郁,离群,而后出现口鼻流出泡沫样液体,腹部膨大,腹痛不安,下痢便血,体温升高至 39℃～41.5℃,呼吸急促,眼睑黏膜发绀。

濒死前常发生角弓反张,很快死亡。

(2)病理变化　尸体营养良好,尸僵不全,腹部膨胀,肛门外翻,可视黏膜发绀,鼻孔和口角有白色泡沫,皮下呈胶样浸润。胃肠道病变严重,可见肠黏膜弥漫性出血,外观似血肠。肠内容物为紫红色。真胃黏膜充血和出血,有的病例见有肿胀和溃疡。肾软化,微肿。肝大,质脆。脾显著肿大。肺充血和水肿。心脏扩张,心内膜有点状出血。

(3)诊断　本病发生急速,死亡急,具备亚临床症状的如腹围膨大,排血便等尚可做出初步诊断,最急性病例不易确诊,因此,定性只能依赖于实验室。

①涂片镜检　病料中的魏氏梭菌为革兰氏阳性大杆菌,并具有明显的荚膜。

②分离培养　将病料接种于厌氧肝片肉汤培养基中,魏氏梭菌在培养后 6～10 小时内生长,并产生大量气体。

③毒素检查　取回肠内容物用生理盐水 2 倍稀释后离心过滤,用其滤液给家兔耳静脉注射,如接种兔出现较重的反应或死亡,证实有该菌的毒素存在。

(4)治疗　发病后短时间内死亡的狍没有治疗机会,病程稍延长的可用青霉素和磺胺类药治疗。同时,要结合强心、补液、解毒等全身疗法。

可静脉注射 10%葡萄糖注射液 30 毫升,25%尼可刹米注射液 3 毫升。肌内注射拜有利,成年狍每次 2 毫升,1 次/天,连用3～5 天。或用青霉素、庆大霉素、氯霉素及维生素 B、维生素 C 等进行治疗。也可混饲磺胺脒,3克/天,连喂7天。

(5)预防 在预防上,每年定期注射1次疫苗,可有效地控制该病。夏季多雨时切忌将饲草投放在地面上,禁止从低洼地割草喂狍,饲草含水分多时喂前应晾干。长途运输、饲料突变等环境因素改变时应事先用药物预防。

狍舍应定期消毒。发病狍应立即隔离治疗。

【气肿疽病】 气肿疽病是由肖氏梭状芽胞杆菌引起的一种急性传染病。本病的特征是肌肉肿胀,有捻发音。本病呈散发或地方性流行,幼年狍易感,夏季多发,主要通过污染的饲料和饮水经消化道感染。

(1)症状 患狍体温升高到40℃～42℃,精神沉郁,拒食。反刍停止、跛行、掉群,继而在肌肉丰满处(如大腿、臀部、腰部和颈部肌肉)发生炎性肿胀,肿胀部皮肤干燥、暗红色或黑色,触诊有捻发音,叩诊有鼓音,切开有酸臭的带泡沫的暗红色液体流出。濒死前体温下降,呈昏迷状。死亡率达75%以上。

(2)病理变化 尸体很易腐败,天然孔流出带泡沫的暗红色血水。患部肌肉有明显的气性坏疽,肝脏、肾脏等实质脏器也可见到程度不同的败血样变化。

(3)诊断 根据临床特征,结合实验室检查即可确诊。可采取患部渗出物做涂片染色镜检,可发现粗大的革兰氏阳性气肿疽梭菌。还可用细菌的分离培养或动物接种等方法进行诊断。

(4)治疗 早期治疗,可以治愈。可用抗气肿疽血清腹腔或肌内注射30～50毫升,必要时在12小时后重复注射1次。同时,可用青霉素、拜有利、四环素及磺胺嘧啶等进行治疗。

(5)预防 在疫区可注射气肿疽明矾菌苗或气肿疽甲醛菌苗。对尸体要焚烧或深埋,狍舍、用具等要用10%甲醛溶液彻底消毒。此外,还应加强狍的饲养管理,注意饲料和饮水的卫生。

【口蹄疫】 口蹄疫是由口蹄疫病毒引起的一种急性、热性、高度接触性传染病。本病的特征为高热,肌肉震颤、流涎,口腔黏膜、舌、唇的表面及蹄部最初形成水疱随后发生溃烂。患病动物是本病的主要传染源,患狍可通过各种分泌物、排泄物排毒,经消化道、皮肤黏膜或呼吸道感染,仔狍易感,春、夏季多发。

病原为口蹄疫病毒,有多种血清型,目前已知世界有 7 个主型,7 个主型至少已分出 65 个亚型。各型之间抗原性不同,彼此不能相互免疫。鉴定病毒型可用交叉保护试验、中和试验和补体结合试验等方法,各型感染动物后临床症状无差别。由于本病毒的易变性,新的亚型不断出现。因此,在发生口蹄疫流行后往往又有口蹄疫流行现象。

该病毒对外界抵抗力强,耐干燥,在粪便中可存活 30 天,耐寒冷,在 50％甘油盐水液中可保存 12 个月以上。对酸、碱、高温和日光敏感。

(1)症状　本病传播迅速,症状明显。表现为高热,肌肉震颤,食欲减少或废绝,反刍停止,在口腔黏膜、舌、唇、颌的表面及鼻镜出现大小不等的水疱,水疱破溃后形成边缘整齐的红色糜烂面,舌面坏死可达 2/3,有时全舌均有坏死灶,舌和颌部的坏死可导致牙齿脱落和骨骼坏疽,蹄叉和蹄冠也出现水疱,并破溃糜烂,甚至出现蹄匣脱落,表现剧烈疼痛和明显跛行症状,有的还发生皮下、腕关节和跗关节蜂窝织炎等并发症。四肢肿胀,沿血管和淋巴管径路的皮肤发生瘘管与化脓性坏死性溃疡或发生产后瘫痪、褥疮,最后死亡。

(2)病理变化　除口腔黏膜、蹄部和皮肤的病变外,心脏出现虎斑样病变,肝脏和肾脏也发生变化,瘤胃有无数坏死性小溃疡,在网胃蜂窝间可见细小的黄褐色伤块,肠黏膜有溃疡灶。有并发症时,可见化脓性或纤维素性肺炎、化脓性胸膜炎或心包炎等病变。

(3)诊断　根据流行特点和临床特征可以做出诊断。在炎症鉴别上,主要与水疱性口炎相区别。水疱性口炎也为病毒病,不仅感染偶蹄动物,也感染单蹄动物,该病发病率低,流行范围小,很少发生死亡。

(4)治疗　首先应隔离和精心护理。

对口腔、唇和舌面溃疡部可用 0.1%高锰酸钾溶液冲洗,然后涂以 2%白矾溶液或碘甘油。皮肤和蹄部可用 3%～5%来苏儿溶液洗涤,擦干后涂以鱼石脂软膏。

为控制继发感染,可用抗生素注射或磺胺类药物口服。用康复狍血清治疗新病例在临床上有价值。

(5)预防　要加强检疫,疫区应定期注射口蹄疫疫苗。发现疫情应立即上报有关部门,并封锁疫区。对病狍采取隔离治疗的同时,狍场要进行彻底消毒。病死狍应深埋或焚烧。

(6)公共卫生　本病为人、兽共患传染病,因此必须注意个人防护卫生。

(三)寄生虫病

【肝片吸虫病】　狍的肝片吸虫病是由肝片吸虫寄生在狍的胆管内所引起的一种吸虫病。本病一般以慢性胆管炎、间质性肝炎和慢性营养不良为主要特征。

(1)病原　肝片吸虫虫体扁平,形如树叶,淡红色,虫体长20～35毫米,宽 8～15 毫米,头端狭小,后端宽大。虫卵呈椭圆形,金黄色或褐黄色,大小为(0.13～0.15)毫米×(0.07～0.09)毫米。虫卵随粪便排出体外,在外界适宜的环境下,2～3 周孵出毛蚴,毛蚴在中间宿主椎实螺内脱掉表皮成为胞蚴,胞蚴发育成雷蚴,雷蚴发育成尾蚴。1 个毛蚴在螺体内通过无性繁殖可以产生 100～150个尾蚴,尾蚴离开螺体,在接近水面的植物上结囊,多在植物叶片上形成囊蚴,狍采食带有囊蚴的植物后,囊蚴在狍的十二指肠内破壁而出,穿过肠壁进入腹腔,经肝包膜侵入肝实质而后到达胆管;

或者侵入小肠壁血管或淋巴管,经门脉和肝静脉进入肝实质,最终到达胆管;或者从肝管开口钻入肝脏。经3～4个月后在粪便内又可看到虫卵。

(2)症状　患狐主要表现食欲不振,消瘦,贫血,被毛粗乱,在眼睑、下颌、脑和腹下出现血肿,便秘和腹泻交替进行,肝区有触痛感。

(3)病理变化　尸体极度消瘦,胸、腹腔积水。初期肝脏大、质脆,后期胆管壁结缔组织增生或钙化,胆管内含有大量虫体,肝萎缩,肝小叶硬结。

(4)治疗　可用硝氯酚(拜耳9015),4～6毫克/千克体重,混入饲料中喂服。为使每只患狐充分采食到药物,给药前1天可停食1次。还可用硫双二氯酚、六氯酚、四氯化碳等药物进行治疗。

(5)预防　狐场应建在地势较高的地方,喂狐的青草不要从低洼地、江河两岸等处收割,不使病狐的粪便污染饲料。

【莫尼茨绦虫病】　莫尼茨绦虫病是由莫尼茨绦虫寄生于狐小肠所引起的一种绦虫病。常呈地方性流行,夏季多发,仔狐感染率高。

(1)病原　莫尼茨绦虫由头、颈和体节组成,长1～5米,宽约16毫米,虫体呈带状,虫卵呈四方形、三角形或圆形,淡灰色。寄生于狐小肠内的成虫其孕卵节片脱落随粪便排出体外,释放出虫卵,当地螨食入虫卵或节片后发育为感染性幼虫——似囊尾蚴。含似囊尾蚴的地螨被狐食入后感染,经45～60天发育为成虫。

(2)症状　重度感染的狐一般表现为食欲减退,喜欢饮水,生长发育缓慢,消瘦,被毛无光泽,贫血。虫体多时可造成机械性阻塞,引起肠壁血液循环障碍,肠蠕动困难,肠臌气,肠炎,肠破裂,临床可见腹痛,腹部膨大,腹泻、便秘交替进行,粪中混有乳白色孕卵节片。

(3)病理变化　尸体消瘦,肠内有数量不等的莫尼茨绦虫,虫体头部吸附于肠壁,使肠道肿胀和出血,肠壁扩张,有的肠管阻塞,肠黏膜呈卡他性炎症。

(4)治疗 可用硫双二氯酚,40～50 毫克/千克体重;也可用氯硝柳胺,45～50 毫克/千克体重;或用吡喹酮,10 毫升/千克体重,皆为拌料喂给。

(5)预防 狍群要定期驱虫,不要在雨后或露水很多的时候割牧草饲喂。狍舍应经常打扫,粪便要堆积发酵。

【类圆线虫病】 类圆线虫病是由类圆科的类圆线虫寄生于狍小肠内所引起的一种线虫病。本病待征为顽固性腹泻,失水,酸中毒,消瘦。仔狍感染本病后症状严重,且可发生死亡。

(1)病原 类圆线虫虫体纤细,长 4～5 毫米。虫卵小,椭圆形,淡灰色。寄生于小肠内的类圆线虫为雌虫,属单性生殖,虫卵不需要受精能够发育。雌虫所产含幼虫的虫卵,不断随粪便排出体外,在外界适宜的环境条件下,卵内的幼虫即可孵出杆型幼虫。杆型幼虫有直接发育和间接发育 2 种形式。直接发育速度快、杆型幼虫经 2～3 天即可变成感染性丝状幼虫;间接发育时,杆型幼虫经两次蜕皮发育为雄虫和雌虫,雌、雄虫交配后,雌虫产出含有幼虫的卵,卵孵出第二代杆型幼虫后,经蜕皮发育成为感染性的丝状幼虫,丝状幼虫通常经皮肤侵入狍体内,进入淋巴管、血管,随血液循环到达肺毛细血管,穿过血管进入小支气管、气管。当狍咳嗽时,幼虫随痰被吞咽,经咽喉、胃进入小肠寄生。当丝状幼虫经口感染时,进入胃后,经黏膜穿入血管到达肺,然后循同样途径至小肠内寄生,在小肠内经 1 周左右发育为寄生性雌虫。

(2)症状 病狍皮肤出现湿疹,有痒感。支气管发炎时,伴有咳嗽,体温升高。肠炎时,可出现持续性腹泻,可由于失水过多导致酸中毒,严重时偶有神经症状。患狍逐渐消瘦、精神委顿、呆立不动,有时发生呕吐现象。病程长者,因极度衰弱而死亡。

(3)病理变化 湿疹的皮下组织及肌肉有点状出血,肺有溢血点,支气管发炎,小肠卡他性炎,肠黏膜充血或出血,有的肠黏膜发生坏死与溃疡,后部肠管中有黏膜样血性粪便。刮取小肠黏膜压片镜检可检查出虫体。

(4)治疗　驱虫净 20～25 毫克/千克体重,拌于饲料中内服。出现失水和酸中毒症状时,可静脉注射 5% 葡萄糖氯化钠注射液及 5% 碳酸氢钠注射液。

(5)预防　要保持圈舍及运动场的卫生,狍粪便进行堆积发酵处理。要加强狍(特别是仔狍)的饲养管理,提高机体抵抗力。

【**蠕形螨病**】　蠕形螨病是由蠕形螨虫寄生于皮脂腺或毛囊内而引起的皮肤寄生虫病。

(1)病原　蠕形螨虫虫体狭长,0.04～0.045 毫米,形若蠕虫,分头、胸、腹 3 部分,胸部有四对粗而短的足,头部有口器,腹部有线状横纹,卵呈梭形。

(2)症状及病变　狍的头部、颈部和背部等处皮肤上长出许多大小不等的结节,切开有黄白色内容物。有的在患处皮肤形成大量鳞屑,皮肤凹凸不平,红肿,变硬。有的患处皮肤因感染细菌而化脓,有时可融合成较大的脓疱,脓疱流出的脓汁凝固后形成结节,狍痛痒和不安,影响食欲和休息,严重的病狍消瘦死亡。

(3)诊断　切开皮肤结节或脓疱,刮取内容物涂片镜检,发现蠕形螨的成虫、幼虫或虫卵即可确诊。临床上易与脱毛湿疹、疥螨病混淆。因此,必须以病原加以区别。

(4)治疗　治疗可用 5%～10% 浓碘酊涂抹患部效果最好。浓碘酊配法:碘片 20～30 克,碘化钾 20～30 克,70%～80% 酒精100 毫升。先将碘化钾加入酒精中,然后加入碘片溶解即成。

(5)预防　在预防方面应注意狍舍、用具的清洁卫生,定期消毒圈舍,粪便应堆积发酵,患狍要隔离。

（四）仔狍疾病

【仔狍肺炎】 仔狍肺炎是一种小叶性肺炎，主要发生于哺乳期中的仔狍。

（1）病因 在大多数情况下，仔狍的肺炎是一种继发疾病。如继发于上呼吸道感染、气管炎与支气管炎、副伤寒等。也有人认为，在饲养管理不善及机体抵抗力下降时，平时存在于呼吸道的各种微生物可迅速繁殖并增强其毒力，从而引发小叶性肺炎。

（2）症状 患狍精神沉郁，离群呆立或躺卧，鼻镜干燥，食欲减退或废绝，体温升高至 41℃ 以上，呼吸加快，咳嗽，两鼻孔流出浆液性鼻漏。在保定条件下肺部听诊时，在病的初期及中期为湿性啰音，后期则为干性啰音。

（3）病理变化 仔狍的小叶性肺炎多侵害两侧肺的心叶及尖叶。病灶呈淡红色、暗红色和灰黄色。病灶切面呈红色、黄褐色或灰色不一，压之有泡沫流出，喉和气管黏膜充血，肺门淋巴结水肿。

（4）治疗 可肌内注射青霉素 40 万～50 万单位，2 次/天，连用到症状消失后 1～2 天。或肌内注射拜有利，每只 0.2 毫升，每天 1 次，连用 3 天。也可静脉注射 5% 葡萄糖注射液 50～100 毫升，加维生素 C 注射液 5 毫升。

（5）预防 针对仔狍特点，加强饲养管理，天气骤变时，要增加垫草，防止感冒。此外，还应勤换垫草，经常保持清洁、卫生和干燥。

【仔狍下痢】 仔狍下痢是新生仔狍多发的一种消化道疾病，尤其是体弱仔狍。发生时间在出生后 3～20 日龄，其中 3～10 日龄的仔狍发病最多。如不及时治疗，病死率很高。

（1）病因 在阴雨连绵、圈舍潮湿、粪尿污水蓄积、吮吸母狍的脏乳头或舔舐污物、污水等情况下易引发本病。出现的病例易反复发作。

（2）症状 在发病初期，仅见排白色糊状或清粥样粪便，经2～3天，由于病狍脱水，表现精神沉郁，被毛松乱，两耳下垂，昏迷酣睡，四肢发凉，腹部蜷缩，眼窝下陷，最后虚脱死亡。由于严重的脱水和酸中毒，有的病狍临死前抽搐。还有些病例可能继发肺炎。病程3～7天，如治疗不及时则转归死亡。

仔狍腹泻粪便一般初期为白色糊状或粥状，少数为黄绿色，经2～3天后粪便中常带有小气泡，严重的病例便中带血、黏膜与假膜，气味恶臭。肛门、尾及后肢的被毛常被粪便污染。

（3）病理变化 尸体消瘦，皮下无脂肪，皮肤弹性降低，皮下组织胶样浸润。肠管内有气体，肠内容物稀薄或黏稠。肠黏膜出血或淤血。真胃空虚或有凝乳样内容物。肠系膜淋巴结肿大。

（4）诊断 根据发病仔狍的日龄和较具备特征性的腹泻可做出诊断，必要时可进行微生物学检验定性。

（5）防治 发现病狍，及时治疗可收到显著效果。治疗原则是促进消化，清肠制酵，抑菌消炎，调节胃肠功能，适时收敛和补液，调整酸碱平衡，防止自体中毒。

注射药物选用恩诺沙星，拜有利或炎克星。口服药可选用微生态制剂或使用磺胺脒、黄连素、氯霉素或庆大霉素再加以胃蛋白酶、次硝酸铋、维生素 B_1，调制成水剂灌服，1次/天，效果很好。对严重脱水及自体中毒病狍，静脉注射5％葡萄糖氯化钠注射液，5％碳酸氢钠注射液。有继发感染时应对症治疗。

发现仔狍白痢时，最好隔离单圈饲养，防止病原散布扩大传染。用3％来苏儿溶液或1％苛性钠注射液对病狍污染的地面彻底消毒。

在母狍产仔及泌乳期，一定要注重卫生管理，保持圈舍的清洁干燥，垫草要勤更换。同时，对圈舍应定期严格彻底消毒。仔狍出生后可试用芽胞杆菌制成的微生态制剂，每隔1日服用1次，可有效地预防本病的发生。

【仔狍脐带炎】 仔狍脐带炎是多种致病细菌感染脐带根部而引起的炎症,以化脓性炎症及坏疽为特征。

(1)病因 狍舍卫生不良,仔狍出生后脐部未完全愈合而受感染。或助产时消毒不彻底或产后仔狍互相吸吮脐带,或母狍及其他狍舔舐脐部造成损伤感染。感染的病原菌有金黄色葡萄球菌、链球菌、大肠杆菌、化脓性棒状杆菌、绿脓杆菌、变形杆菌及坏死杆菌等,可单独一种菌,也可能几种菌。

(2)临床症状 脐带部肿胀,脐根部有渗出液。渗出物最初为浆液性的,以后转变为纤维素性和出血性的。脐部周围有热感、充血、淤血、肿胀或化脓。严重时,脐带周围组织坏死并形成缺损,脐部皮下出现互相通融的腔洞,洞内有污绿色恶臭的坏死组织。患病仔狍精神沉郁,体温升高,食欲减退。

(3)防治 首先对患部用碘酊消毒,再以70%酒精脱碘,剪净脐根周围毛,用3%过氧化氢溶液清洗患部,再涂擦龙胆紫溶液。在脐孔周围分点注射,仔狍脐带炎是由于细菌感染脐部而引起的。

【仔狍佝偻病】 仔狍佝偻病是仔狍在生长发育期中,由于钙、磷代谢障碍引起骨组织发育不良的一种非炎性疾病,以维生素D缺乏引起的骨骼变形、消化功能紊乱及异嗜为主要特征。

(1)病因 导致本病的主要原因是母狍妊娠期和泌乳期、仔狍生长发育期饲料内钙、磷含量不足或两者比例不当,精饲料饲喂过多,粗饲料如树叶、干草喂量不足,或饲料中蛋白质不足或过多。此外,慢性消化不良,维生素D不足或缺乏,运动量少和光照不足都能促进本病的发生。

(2)症状 病初精神不振,食欲减退,消化不良,反刍次数减少,轻度腹泻。然后出现异嗜现象,病狍经常卧地,不愿起立和运动,常离群而独卧一处。有的病狍则长期以腕部弯曲而站立,驱赶时,四肢强拘,拱腰弯背,步态僵硬,行走跛跛,当病狍站立较久时,肌肉震颤,有痛感。

轻症的病狍表现跛行，拱腰，精神不振，虚弱无力，采食量和排尿量均减少，粪球小而干固，慢性消瘦，发育落后。有的病狍啃墙壁、料槽和泥土，喜吃污秽不洁的粪球、垫草及砖头渣等，进而出现消化不良和长期的腹泻。疾病后期关节肿大变粗，前肢呈内弧形，后肢呈八字形。

（3）病理变化　骨端肥厚，骨干变形，肋骨端部有念珠状隆起，在肌肉和腱固着处骨膜充血肥厚。骨端的软骨严重增生，有的病例关节囊有淡红色的液体，骨骼肌苍白而疏松。

（4）防治　对哺乳期仔狍的治疗，首先更换母狍的饲料，补饲鱼肝油并喂给维生素 D 含量丰富的饲料，断奶仔狍喂给青绿多汁饲料及胡萝卜等。饲料中添加骨粉、蛋壳粉、钙盐等，增加干草、树叶的喂给量，狍用饲料添加剂对预防该病效果好，应选用。治疗可针对病狍肌内注射维丁胶钙注射液 5～10 毫升，精制鱼肝油 3～5 毫升，5～7 日注射 1 次。

预防佝偻病，要保证日粮中有足够的钙和磷，并且要控制在1.2～2：1 范围内。补饲骨粉或磷酸氢钙粉，防止酸性饲料过多，妊娠母狍及哺乳母狍要放在阳光充足的圈舍，运动场面积要大并保证充足的运动量。对哺乳期的仔狍，在补饲的日粮中添加适量的骨粉、维生素及微量元素添加剂。仔狍断奶后，要保证日粮中蛋白质的含量，并应继续补饲微量元素和维生素类，精、粗饲料要新鲜和多样化，幼年狍应放在阳光充足的圈舍，防止阴暗和潮湿。

【仔狍缺硒病】　仔狍缺硒病为一种营养代谢性疾病，以肌肉、肝的病变为主要特征，临床上表现为贫血和腹泻。各年龄的狍均可发生，但以仔狍发病率高，与地方性缺硒密切相关，因而该病的出现有地区性因素。

（1）病因　地方性缺硒地区，即土壤和水中硒元素含量均低，狍长期食用当地的植物或谷物类饲料，加之长期饮用含硒少的水即可导致本病的发生。此外，饲料中维生素 E 缺乏时，影响硒的吸收也可导致该病的发生。饲喂铜、银、锌及硫酸盐等能降低硒的吸收率,即使日粮中该元素充足,也能发生硒缺乏。

(2)症状 急性病例常未见任何症状即突然死亡。仔狍在出生后几日内即有发病死亡的。慢性病例病初活动减少,随后出现站立困难,有的甚至需挣扎数次才能站起来,起立时四肢叉开,头颈向前伸直或头下垂,脊背弯曲,腰部肌肉僵硬,全身肌肉紧张,步态不稳并呈跛行状态。呼吸频率加快,心跳加快,体温多数正常或偏低。粪便稀臭,病危期食欲废绝,卧地不起,角弓反张,最后死于心肌麻痹和窒息。

(3)病理变化 可视黏膜苍白,骨骼肌颜色变淡。骨骼肌损害较严重的部位有颈、肩胛、胸、膈肌、舌肌及臂肌等,特别是背最长肌和腰肌更严重。肌肉病变为左右对称性出现,多数病例肌肉如鱼肉样。有的肌肉间质疏松,结缔组织呈胶陈样浸润,其主要特征是正常肌肉间夹杂坏死的灰白条纹状的肌纤维束,肌肉横切面有肌肉样的白色束状坏死灶。

心肌呈淡褐色,沿肌纤维走向有淡黄色混浊无光的不规则条纹病灶,心室内积满大量凝固不全的血液。心肌横切面可见到心肌纤维间夹杂有灰白色的坏死灶,心冠脂肪变性,呈胶陈样。肝大,颜色淡,脂肪变性,呈红黄色、灰色相间的花纹。脾被膜呈灰白色,少数病例有散在的针尖大出血点。肾肿大,颜色淡,肾包膜易剥离。多数病例肾盂有黄色胶样浸润。肺脏有出血斑及坏死灶。小肠黏膜潮红或有出血点,肠系膜淋巴结肿大。

(4)诊断 根据临床症状和病理变化结合本地区是否缺硒及饲料中是否补硒,再结合使用抗生素治疗无效等,对病死狍检不出病原,可确定为本病。

(5)防治 对病狍用 0.1%亚硒酸钠维生素 E 注射液肌内注射,一般治疗 2 次即可好转。在该病预防上,应使用鹿(狍)的微量元素添加剂。一般通过饲料添加硒 0.1~0.2 毫克/千克,并适当补充维生素 E 即可有效地预防本病发生。而且也能满足狍的妊娠、哺乳期及仔狍育成期对硒的需要。

主要参考文献

［1］ Wilson 著.汪松,等译.《世界哺乳动物名典》.长沙:湖南教育出版社,2001.

［2］ 王应祥.《中国哺乳动物种和亚种分类名录与分布大全》.北京:中国林业出版社,2003.

［3］ 周　虙,张嘉保,田允波,等.《家畜繁殖学》.长春:吉林人民出版社,2003:370-378.

［4］ 盛和林.《中国鹿类动物》.上海:华东师范大学出版社,1992:234-242.

［5］ 韩　坤,梁凤锡,王树志.《中国养鹿学》.长春:吉林科技出版社,1993.

［6］ ［美］查理 T. 罗宾斯著.邹兴淮,等译.《野生动物饲养与营养》.哈尔滨:黑龙江人民出版社,1987:189-190.

［7］ 郏国良.《鹿茸及其加工学》.长春:吉林科学技术出版社,1990.

［8］ 李大勇.《药用鹿产品及其制剂》.北京:中国科学技术出版社,1994.

［9］ 王本祥.《鹿茸的研究》.长春:吉林科学技术出版社,1993.

［10］ 曾申明.《鹿的养殖・疾病防治・产品加工》.北京:中国农业出版社,1999.

［11］ 郑兴涛,郏国良.《茸鹿饲养新技术》.北京:金盾出版社,1998.

［12］ 张　伟,李俊生,张明海,等.大兴安岭林区冬季狍的生境选择.《林业科技》,1997(4):40-41.

[13] 宋　影,宋国华,张伟,等.黑龙江省丰林自然保护区狍冬季食性的研究.《林业科技》,2001(6):31-36.

[14] 王力军,马建章,肖向红,等.应用瘤胃黏膜表面扩张系数评价狍冬季的营养状况.《东北林业大学学报》,2002(2):55-56.

[15] 李伟.白石砬子地区狍生态习性观察与食性分析.《辽宁林业科技》,2003(5):16-18.

[16] 王丽萍,王永林,吉亚杰,等.成年狍雌性生殖器官组织形态学观察.《中国林副特产》,1994(4):1-2.

[17] 马建章,陈化鹏,孙中武,等.马鹿和狍饲料植物的营养质量.《生态学报》,1996(3):269-275.

[18] 胡金元,袁西安.狍的繁殖.《野生动物》,1982(4):27-29.

[19] 胡金元,袁西安.狍的发情规律.《野生动物》,1987(3):24-25.

[20] 何敬杰.狍的冬季生态.《野生动物》,1987(4):14-15.

[21] 郭方正.黄土高原狍活动规律的研究.1982年陕西动物研究所报告.

[22] 郭方正.延安地区野狍(*capreous capreous*)蕴涵量的估算.1982年陕西动物研究所报告.

[23] Roger Lambert, C. J Ashworth, L. Beattie el Temporal changes in reproductive hormones and conceptus-endometrial interactions during embryonic diapause and reactivation of the blastocyst in European roe deer (Capreolus capreolus). Journals of Reproduction and Fertility 1447-1626/2001.

[24] D. Reby, B. Argebelutti, A. J. Mhewison Contexts and possible function of barking in roe deer 1999 The Association for the Animal Behaviour.

[25] Ian Alcock Chasing the Red and Following the Roe.

Sauchenyard press 1998.

［26］ Aiken. R. J. Delayed implanlation in the roe deer. Journal of reproduction and Fertility, 1974(39): 225-233.

［27］ Flint, A. P. F, Interferon the oxytocin receptor and the maternal recognition of pregnancy in ruminants and non-ruminants: a comparative approach. Reproduction, Fertility and Development, 1995(7): 313-318.

［28］ Flint, A. P. F. , Krzywinski, A. J. , Mauget, R, &. Lacroix, A. Luteal oxytocin and monoestry in the roe deer. Journal of reproduction and Fertility, 1994(101): 651-656.

［29］ Broich, A. el Experimental investigation of embryonic dispause in European roe deer Journal of reproduction and Fertility Abstracts, 1998(22): 89.

［30］ Aitken RJ. Delayed implantation in roe deer (Capreolus capreolus). Journal of Reproduction and Fertility, 1974(39), 225-233 .

［31］ Aitken RJ (1979) The hormonal control of implantation. In Maternal Recognition of Pregnancy pp 53 - 81. Ciba Foundation Symposium 64, Excerpta Medica, Amsterdam.

［32］ Aitken RJ, Burton J, Hawkins J, Kerr-Wilson R, Short RV and Steven DH. Histological and ultrastructural changes in the blastocyst and reproductive tract of the roe deer (Capreolus capreolus) during delayed implantation. Journal of Reproduction and Fertility, 1973(34): 481-493.

［33］ Bradford MM. A rapid and sensitive method for the quantitation of microgram quantities of protein, utilising the principle of protein dye binding Analytical Biochemistry, 1976 (72): 248-254.